生活美學家愛用的
料理道具&食材

瑞昇文化

序言

今年春天，為了開設料理教室，我設立了一處小型工作坊。不禁想起從零開始規劃廚房已經是好久以前的事情了。

就像是有股清爽涼風吹拂而過。新工作坊的設立也成了我重新審視、再次找尋所需的料理用具及料理教室必需使用食材的大好機會。

常常邊工作邊問自己，一直以來認為好用的料理用具真如此好用？有沒有更好的東西呢？正因所謂的「用具」，一旦購買之後就不太會再進行更換，因此會想深思熟慮地去精挑細選。現在，我就要將自己所選用工具的使用感受，及以該用具料理的美味佳餚跟各位讀者分享。

此外，食材對我而言，好比是一段不斷尋找新口味或未知口感，沒有終點的旅程。本書中除了介紹我平日喜愛的食材，也將提供許多新發現的美味。將目前旅程途中，我所喜愛的口味與諸位分享。

期待能夠透過我所鍾愛的料理用具及食材，為各位的廚房帶來一股嶄新氣息。

目次

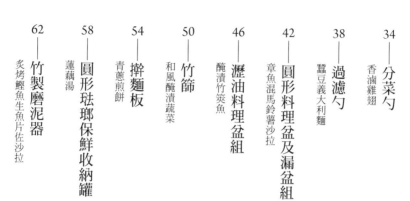

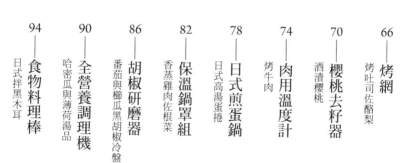

鍾愛的食材

本書食譜中的計量、單位如下：
1杯＝200ml、1大匙＝15ml、1小匙＝5ml。

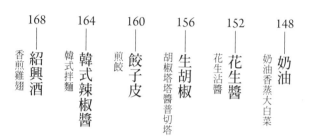

鍾愛的料理用具

ZWILLING
J.A. HENCKELS
TWIN CERMAX M66
MICRO CARBIDE STEEL
30860-160 CRYODUR

料理刀具及砧板

一旦見識過刀具研磨後那銳利切下時的美妙，沒有什麼是比不銳利的刀具還來得更糟糕。銳利刀具下刀瞬間，涮涮涮順暢的切物動作會讓人感到無比愉快。蔬菜切下後的斷面會散發水潤亮澤，工整到彷彿能夠貼平。即便一樣是切白蘿蔔或胡蘿蔔，刀具銳不銳利可是會讓味道天差地別，舌頭觸感也會隨之變化。若要說的話，決定味道的，可不是只有調味料而已。

刀具好不好用雖然會因研磨與否產生相當差異，但若要尋找好用、好切的刀具，我認為要有相當重量的品項會較合適。握在手中時可以感受到重量，好握的刀具。若刀具過輕，負責下刀的手腕及握刀的手掌會相當吃力，因此選擇一把適合自己雙手的刀具相當重要。

那麼，砧板又該如何選擇呢？我都是選擇下刀時，接觸反作用力較小的砧板。屬硬度偏軟、帶有些許厚度的木製砧板。

同時推薦形狀為圓形的砧板。最近我愛上使用「照寶」所生產的圓形砧板。不僅能夠迅速地轉動變換角度，在切薑及大蒜等少量、卻多樣的辛香料時，易於作業。當在處理佔幅面積較大，如花椰菜及高麗菜等蔬菜時，比其長方形砧板，圓形砧板的幅寬大，食材較不容易掉落出砧板外，使人感覺作業更有效率。

此外，若使用的砧板厚度夠厚，當在下刀時，才能完全發揮刀具的實力。當然，市面上也有像墊板一樣薄的砧板，但刀具的刀刃會穿透砧板觸及硬梆梆的料理台，怎麼想都無法好好處理食材。使用木製砧板時的感受終究還是略勝一籌。

乾柿醋拌白蘿蔔

材料（2～3人份）
白蘿蔔……1/4 細條
胡蘿蔔……1/2 條
乾柿……15 g
醋……1又1/2 大匙
紅蔗糖……1小匙
鹽巴……適量

①以銳利的刀具將白蘿蔔切半，接著縱切成薄片，再細切成條狀。胡蘿蔔也以同白蘿蔔的方式取等長細切。乾柿也細切備用。
②將白蘿蔔及胡蘿蔔放入料理盆中，撒些鹽巴，靜置片刻直到出水入味。
③輕甩出水分，加入乾柿、醋、紅蔗糖充分拌勻後，放置使其入味。

CRISTEL不鏽鋼淺鍋

我都是用CRISTEL推出已久的不鏽鋼深鍋來進行汆燙、燉煮、蒸煮，許多步驟都在CRISTEL不鏽鋼深鍋內進行。在我每天所使用的用具中，CRISTEL鍋具是不言而喻的存在。CRISTEL鍋具從直徑14公分的最小尺寸做起，以每加大2公分推出一尺寸，共計6款的不鏽鋼鍋能夠疊放，收納時相當便利。我在家中更是長年使用，想當然爾，若料理教室沒有這鍋，就無法開始！因此新選購了CRISTEL不鏽鋼鍋作為基本鍋具。

特別是14公分最小尺寸的鍋子在我家中也是備受重用。無論是每天早上拿來做水煮蛋，或是要將晚餐剩餘的燉物重新加熱，14公分大小的鍋具實用性相當高，讓人想一口氣擁有2支。正因迷你尺寸小、重量輕巧，甚至可將裝著剩菜的鍋子直接放進冰箱中保存，實在方便。

而最近，我的廚房中也輪到淺鍋登場，真不知該如何形容使用時那極佳的感覺。用來烹調魚類、蔬菜或乾貨食材等不用大量水分的料理時非常便利。且因高度較淺之故，讓人感覺鍋子口徑相當大，用來製作如白醬、卡士達醬等黏稠醬料時，操作鍋鏟來得更為容易。

黏稠狀料理一般都需以小火邊烹煮邊仔細觀察狀態。比起深度較深、看不見底部的深鍋，淺鍋可使烹煮動作更加順暢，也不會讓人倍感壓力，絕對是正確的選擇。

淺鍋也相當適合拿來汆燙蘆筍、玉米等，不需要大量熱水的長條形蔬菜。再者，CRISTEL鍋具的鍋底厚度紮實，品質機能面讓人相當有信心，卻也輕巧方便使用，更可疊放收納。就連收納都如此極具巧思，將該系列商品購入作為基本鍋具相信可為料理工作加分不少，也讓我深深體會到將CRISTEL鍋具拿來作為日常用料理用具後，那事半功倍的效益。

焗烤白醬

材料（2人份）

干貝罐頭……160g

奶油……30g

低筋麵粉……3大匙

牛奶……240㎖

通心粉……80g

鹽巴、胡椒……各適量

起司粉……適量

①於大量的熱水中加入鹽巴後，依包裝上說明指示汆燙通心粉後，將其濾乾。

②在CRISTEL不鏽鋼淺鍋中加入奶油，以小火使奶油融化，並加入低筋麵粉，以木鏟不斷翻攪，直至不再呈現粉末狀。

③分批加入牛奶，並充分攪拌，直到將牛奶全數倒入。

④將干貝連同罐頭湯汁倒入，輕輕混拌。

⑤於④中加入食材①並予以攪拌，以鹽巴及胡椒調味。

⑥裝入耐熱器皿中，撒上起司粉，以預熱好的烤箱 加熱12～15分鐘，直到表面微焦。

STAUB
STAUB

STAUB鑄鐵鍋

若要來討論厚實的鍋具，那麼就非STAUB鑄鐵鍋莫屬了。無論是在我家，還是工作坊的廚房，都是每天使用。算一算手上的STAUB鑄鐵鍋還真不少呢！顏色則全部統一為灰色。STAUB鑄鐵鍋讓人迷戀的點在於偏小尺寸在使用上的便利性。由於鑄鐵鍋相當重，因此較少有大尺寸鑄鐵鍋登場的機會，但16公分或18公分偏小尺寸卻讓人忘卻那份沉重，適合天天料理時使用。

無論是燜燒蔬菜、製作湯品，必然會出現在每日料理佳餚的場合。利用些許水分讓火侯透入食材的烹煮方式相當令人著迷。這種方式不僅能充分呈現出食材應有味道，更可帶出加乘的風味。

初春來臨時，我最期待能夠看到油菜花的身影。除了油菜花本身絕美的顏色，有著青草口感的風味帶著些許苦味，相當美味。但充分烹煮到完全熟爛的味道也是讓人喜愛。被煮到熟爛黏稠的油菜花彷彿是柔和醬料，無論是拌佐義大利麵，或是抹在表面烤到微焦、帶有些許酸味的麵包食用都相當搭配。是一道以少許水分或油分讓火侯透入食材內部，便可品嚐的美味佳餚。

將較大的肉塊以STAUB鑄鐵鍋烹煮的話，更可搖身一變成為多汁軟嫩的料理。只需放入豬肉塊及蓮藕或甘藷等根菜類蔬菜，以紅酒一同燜煮，絕佳風味的逸品即可上桌。

輕鬆地將食材放入STAUB鑄鐵鍋中，接著鑄鐵鍋就彷彿施展魔法般，讓食材變美味。雖然沒有投注非常大量的心力，但不知怎麼著，打開鍋蓋後所看到的成品都讓人無比滿意。

油燉油菜花

材料（容易料理的份量）

油菜花……1把
大蒜……1/3瓣
杏仁……15 g
橄欖油……75 ml
粗鹽……適量

① 油菜花切成3等份，拍碎大蒜，切碎杏仁。
② 於STAUB鑄鐵鍋中加入食材①，以手指捏取粗鹽撒入，淋上橄欖油後，蓋上鍋蓋。
③ 以小火慢慢烹煮直到食材熟透。燜煮約20分鐘，烹煮中需予以攪拌避免燒焦。加入杏仁，確認味道，若味道不足，則再加入粗鹽。

※適合卡帕尼和黑麥麵包等，口味較重的麵包。

附蓋迷你單柄鍋

我常用附蓋的小型單柄鍋製作雞蛋料理。依照食材份量，將2～3顆雞蛋打散後倒入鍋中，使其覆蓋整個鍋面，煎至稍微帶色。蓋上鍋蓋後以小火慢慢燜蒸直到熟透。這樣一來，不僅能夠同時進行煎與蒸的步驟，更是製作2人份雞蛋料理時的最佳鍋具尺寸。

春分之際，還可放入蘆筍或豌豆作成帶黃帶綠的漂亮煎蛋；夏季時，則加入紅甜椒或番茄作成充滿活力的煎蛋；冬天當然就是蘿蔔乾煎蛋。如此一來，這單柄鍋就變成了一把不同季節都能夠製作出各式各樣軟嫩煎蛋料理的鍋具了。話說回來，單柄鍋可不是只能用來作煎蛋呦！

單柄鍋用來製作德式香腸加荷包蛋的一人份早餐也是相當方便。只有鐵製鍋才能讓香腸呈現清脆及噴汁的口感，讓人感覺香氣四溢的金黃焦色也是成就風味的重要元素之一。荷包蛋的蛋白四周煎得酥酥脆脆，蛋黃呈現半熟狀態，視覺上同樣讓人賞心悅目。不僅如此，這種單人用尺寸的附蓋單柄鍋對於無法在同一時間享用晚餐的家庭來說，蓋上鍋蓋便可暫放於餐桌上，要重新加熱也相當便利。另外，能夠直接端上餐桌的鍋身大小及形狀更是這單柄鍋的最大優點。我尤是喜愛那迷你可愛的尺寸。若是一個人的午餐時間，將半塊雞胸肉以煎盤煎過，並於四周放上蘆筍或花椰菜等蔬菜一起烹煮，一支單柄鍋就能夠完成熱騰騰的煎盤料理，輕輕鬆鬆便可上桌。再搭配上法國麵包，就是豐盛的中午饗宴。很多人可能會覺得要維護鐵製鍋具相當困難，但實際上只需清洗、過火加熱、燒乾即可。小尺寸絕對不是問題，相反地，小尺寸更讓人方便使用，這就是迷你單柄鍋的魅力。

豌豆培根歐姆蛋

材料（容易料理的份量）

豌豆……淨重50g
義大利煙燻培根……35g
雞蛋……3顆
橄欖油……1大匙
鹽巴……少許

①豌豆汆燙3～4分鐘後放於竹篩濾乾水分。義大利煙燻培根切成小塊。
②打散雞蛋，加鹽調味。
③於附蓋迷你單柄鍋中倒入橄欖油加熱，放入義大利煙燻培根煎炒。
④於食材②中加入培根及豌豆大略攪拌後，倒入單柄鍋中使其覆蓋整個鍋面，先中火加熱1分鐘左右，其後蓋上鍋蓋以小火燜煎約10分鐘，直到雞蛋表面呈現些許焦黃色。

鐵氟龍不沾鍋

手中有著一支鐵氟龍不沾鍋果然還是相當方便的。我想要慢慢燉煮肉類及蔬菜料理時，雖然會使用鐵製單柄鍋，但平常想快炒的話，使用不沾鍋就會比較輕鬆。

然而，鐵氟龍不沾鍋是消耗品，不可以有著買了一支就可長期使用的想法。不沾鍋不同於鐵鍋，是沒有辦法不斷使用，維護到成為自己的用具。選擇用具的法則如同鐵鍋般，養鍋、經常性使用是相當重要的前提，然不沾鍋卻屬例外。要如何定位成自己的用具或許不容易，但「便利」絕對是選擇用具時的必要關鍵元素。

即便如此，就算是消耗品，也不是隨隨便便的不沾鍋都好。我心中便有著選擇不沾鍋的判定基準，那就是鐵氟龍塗層要盡量偏厚。如此一來才是能使用較長時間，且結構紮實的不沾鍋。此外，我還會選擇鍋身不帶顏色花樣，鋁質的簡單樣式，也才能散發出用具應有的極簡感。即便鐵氟龍不沾鍋是消耗品，也要勤於維護保養。聽起來似乎越說越誇張，其實只要和其他料理用具一樣，徹底清理鍋子裡外即可。這樣就算使用一段時間就會被淘汰，仍可作為用具呵護、使用，製作美味佳餚。

此話說起來似乎不太具說服力，但我還是覺得不沾鍋有不沾鍋的優點。最初所提到的易於使用便是不沾鍋的最大優勢。無論是忙碌清晨的早餐，或是便當配菜，仔細想想，若有支18公分左右的不沾鍋，還可真是便利呢。雖然不沾鍋在未來會被逐漸淘汰，但現階段我還是把它定位在「用起來還是很方便的！」料理用具清單中。

清炒豆苗

材料（2人份）

豆苗……1包
大蒜……1/2瓣
花椒粉……1/4小匙
鹽巴……適量
太白胡麻油……2小匙

① 豆苗（若太長的話）切成4cm長。輕輕拍碎大蒜。
② 於鐵氟龍不沾鍋中倒入太白胡麻油及大蒜炒香，加入豆苗後快速翻炒。加鹽調味後，撒上花椒粉便可完成。

炊飯釜鍋

厚實惹人愛的炊飯釜鍋是專門用來炊煮米飯的鍋具。用釜鍋炊煮的熱呼呼白飯不僅充滿光澤，飯香味甜，讓人光吃飯就很滿足。

這個炊飯釜鍋其實是外子在外獨自生活時便開始使用的用具。獨居男子竟然會使用炊飯釜鍋，想到便讓人不自覺抿嘴悶笑。據外子所言，這是他採訪位於東京田園調布，一家名為「ICHUO」的手作餐具店時，聽聞這炊飯釜鍋所煮出來的米飯無比美味，進而購入帶回。

的確，用這炊飯釜鍋所煮出來的白飯實在相當好吃。我家的米飯絕對都只用這只釜鍋炊煮，就這麼樣地，我也開始向來訪的客人強力推薦這釜鍋所煮出米飯的美味。而日前不久，我更新購了一只5杯米份量的最大尺寸釜鍋要在料理教室使用。

不過，為何用釜鍋煮出來的米飯會如此美味？

據說是釜鍋在結構上有商業機密。鍋蓋為內蓋及外蓋的雙蓋設計，因此鍋中的水氣不會外漏，釜鍋內部是以碳加工而成，具遠紅外線功效。

此外，以釜鍋煮飯總是讓人有種極具個性的感覺。無須頻繁調整火侯大小，只要以中大火炊煮，待滾沸後關火，接著燜蒸20分鐘即可。真的只有上述幾個步驟。或許有讀者會覺得滾沸會造成溢出且弄髒瓦斯爐，但這釜鍋的可愛形狀中卻藏有秘密，邊緣的導角設計使得滾沸之際有不會有溢出情況發生。就算蓋上鍋蓋也能夠確認是否已經滾沸，且不會有溢出問題，還有什麼比這更好的釜鍋呢？

在滾沸之後馬上關火，真是很大膽的行為。讀者可能會擔心，鍋中的水分是否能夠完全收乾？但打開鍋蓋後，映入眼簾的米飯真的是飽滿充滿光澤，呈現出無比美味。光吃白飯就讓人相當滿足，實在是找不到比這還要幸福的事了。

香炊白飯

材料（2人份）

米（美姬）（＊譯註）……2杯

水……360ml

①將米放於料理盆中充分洗淨，倒入篩網中，徹底濾乾後，再倒入炊飯釜鍋中，並加入水，浸泡30分鐘以上。以中大火炊煮，待煮滾沸騰後關火。燜蒸20分鐘。

＊譯註：美姬（つやひめ），為日本栽培稻作品種之一，主要種植於山形縣。

分菜勺

料理長筷或擺盤用尖筷、湯勺及分菜勺等小工具也同樣是相當棒的料理用具。料理長筷要選擇粗度適中品，使用起來才會順手；擺盤用尖筷則是要筷尖處設計較細，才能夠輕鬆夾取菜餚。料理長筷及擺盤用尖筷並非所有設計皆好，應該要選擇手感佳，使用起來順手的款式。雖然這些聽起來是非常細微末節的內容，但在料理同時，卻也相當重要。

將料理從鍋中取出時，所需的湯勺及分菜勺在設計上的圓弧角度及握柄程度也會影響是否易於使用。我的口袋名單中，就有一支勺體圓弧部分偏淺、握柄長度較短，非常好使用的分菜勺。每天使用的同時，都會有著少了它怎麼辦的感覺，是讓我相當依賴的用具。

這支分菜勺是我一位創作金屬工藝品的友人所推出的商品中，我最喜愛的用具。由於握柄長度較短，因此和盤子的搭配性極佳，除了能夠拿來作為擺盤用勺，還可直接於餐桌上使用，優點甚多。握柄較長，再怎麼說都歸納於廚房用品的湯勺就沒有辦法這般使用。分菜勺不僅和盤子的搭配性佳，就算在餐桌上使用有不會有馬虎隨便的感覺，展現相當品味，以及一再強調的容易使用。我在使用過後，便馬上又買了2支，每每使用便覺得，是該再多添購幾支。實際使用，感受其美好後，決定再添購的用具可說是真正好用的用具。

在料理教室中，我也會不自覺地一直使用著分菜勺，使用頻率高到讓學生都會問「老師，這分菜勺哪裡有在賣？看起來相當好用呢！」

料理長筷及分菜勺等這類小用具如果使用起來順手的話，心情也會跟著愉快不已。

香滷雞翅

材料（容易料理的份量）

- 雞翅……8隻
- 洋蔥……1顆
- 鵪鶉蛋……6顆
- 大蒜……2瓣
- 薑……2片
- 辣椒……1條
- 黑醋……100ml
- 紅蔗糖……3大匙
- 醬油……4大匙
- 水……100ml
- 香麻油……1小匙

①大蒜、薑去皮後切成薄片。辣椒去籽。洋蔥切成8等分備用。

②鵪鶉蛋放入沸騰的水中汆燙後，去殼。

③於鍋中倒入香麻油加熱，將食料①及雞翅放入快速翻炒。

④添加調味料及水，以大火煮沸後，除去上層薄膜。蓋上鍋蓋轉以中小火烹煮。中途再以分菜勺撈起滷汁均匀撒蓋，燉煮50分鐘。加入鵪鶉蛋後即可關火。

過濾勺

每當想要補買些營業用的白色餐具、或是攝影時需要用到的木製便當盒及紙餐盒，只要是跟料理用具沾上邊的，我必定會跑一趟※合羽橋器具街。雖然每次都是有目的才會前往，但當目的迅速達成時，便會開始想著，既然難得來到這兒，看看有沒有其他好東西吧！在時間允許的前提下，來去穿梭在街道兩側商店間。我雖然對所謂的便利器具沒什麼興趣，但隨著自己認為這種時候如果有這樣的用具會很便利的想法，還是會尋找一兩樣新玩意。

這個挖有小洞的「過濾勺」就是我在上述情境下所找到的用具之一。大尺寸（315×102公厘）的過濾勺有著許多優點。

譬如說要趕快將汆燙好的蔬菜或短義大利麵撈起時，或是想以同一鍋湯的熱水汆燙蔬菜，但汆燙時間長短有所差異，需將先燙好的蔬菜取出時，都相當好用。不會太小、也不會太大，恰好的尺寸讓人相當喜愛。剛開始會覺得這用具似乎長得有點隨便，但實際使用過後，真是方便到讓人愛不釋手，對我而言，更成了極為重要的用具。

就算是進行相當耗時的攝影工作之際，過濾勺也能讓前置作業精準有效率。一旁觀摩的工作人員也曾多次詢問，「這看起來好方便呦！哪裡買得到呢？」雖然過濾勺看起來沒有很正式，但論及廚房器具時，方便性更是不可忽略的重點。

※合羽橋器具街：位於東京淺草及上野之間，專售各式餐具、廚房設備、食品材料的街道。

蠶豆義大利麵

材料（2人份）

蠶豆……400g
（已去豆莢則為150g）
大蒜……½瓣
帕瑪森起司……3大匙
橄欖油……2大匙
粗鹽、黑胡椒……各適量
短義大利麵……140g

①將蠶豆自豆莢中取出，撕除薄膜。輕輕搗碎大蒜。
②於大量熱水中加入粗鹽，放入義大利麵汆燙。汆燙完成前的3分鐘將食材①的蠶豆放入。
③以其他鍋具加熱橄欖油及大蒜，帶出香味後，加入3大匙汆燙用熱湯。以過濾勺撈起燙好的義大利麵及蠶豆，放入鍋中。加入帕瑪森起司後關火。快速拌勻後，撒上粗鹽及黑胡椒。
④盛裝於溫熱器皿中，並淋上適量橄欖油。

1000
800
600
400

圓形料理盆及漏盆組

在開始料理教室之際，我新購買了圓形料理盆及漏盆。由於為數眾多，因此訂下「選擇完整套組」、「採用相同系列產品」的條件。我認為，無論是使用當下，或收納時必須整齊劃一，是蠻重要的環節。易於使用固然重要，使用完後的收納性則會影響佔用空間多寡，因此也成了必須評估的項目。

開始做菜之後，深刻感受到，若沒有較大的盆子、較小的盆子甚至介於兩者之間的中尺寸料理盆是件多麼令人心煩的事。不管是用大料理盆，或是以小料理盆勉強做菜，都會讓工作效率變差。在料理盆中充分攪拌醬料用油及香醋，將盆子輕輕甩晃，讓味道均勻入菜。這種時候使用大小適中的料理盆，不僅讓作業順手，更是提升效率的用具。

這次，我選擇的圓形料理盆是還搭配有漏盆的盆組，共有3種尺寸，為不鏽鋼材質。盆子還附有刻度，因此一眼便可大致掌握高湯及湯品等液體的份量，這還可真是意料之外的便利功能。

此外，漏盆的漏洞尺寸適中，要過濾時也可直接拿來使用，漏盆四周也沒有結構支架或底座，只有漏盆的網目，因此非常容易清洗。底部還有些許突起的設計，因此直接放置於桌面上也不會感覺溼答答，相當整潔。是站在使用者角度，充分思考過的形狀設計。

章魚混馬鈴薯沙拉

材料（2人份）

- 章魚（汆燙）……150g
- 馬鈴薯……2顆
- 義大利芹菜……2支
- 酸豆……2小匙
- 黃芥末醬……2小匙
- 檸檬汁……1大匙
- 橄欖油……1又1/2大匙
- 粗鹽、黑胡椒……各適量

①章魚切成較薄片狀。馬鈴薯削皮後，切成8等分。汆燙馬鈴薯，待變軟後加入章魚快速汆燙。將水濾乾，以微火讓水分充分蒸發。將芹菜細切。

②請於圓形料理盆中將黃芥末醬、檸檬汁、橄欖油充分攪拌，加入食材①及酸豆，撒上粗鹽、黑胡椒，輕甩圓形料理盆，讓所有食材充分混合。

瀝油料理盆組

我過去所使用的方形料理盆尺寸都不盡相同，擁有數個營業用的不鏽鋼製品。但方形料理盆對我而言，卻一直用不順手，反而老是想著有沒有更好的方形料理盆。

就在新廚房完成，思考著是該重新審視用具之際，方形料理盆的問題浮現出檯面。營業用的簡易式不鏽鋼料理盆外觀閃亮，雖然為長方形，但帶些許圓弧的設計，總讓人感覺不夠俐落。

在看了多款商品後，終於和心儀的方形料理盆相遇了。是La Base的長型料理盆組。這是料理家——有元葉子前輩所開發的系列用具，實際手持後會發現，整體感覺非常棒。已進行消光處理的不鏽鋼讓人看得相當舒服。握在手中時的重量適中，不會造成負擔，讓人想要馬上使用看看。

除了料理盆外，還有一個和料理盆相同尺寸、深度較淺的上蓋料理盤，以及相同形狀的瀝油網。心想著要一同使用看看是否真的好用，立刻嘗試使用之後，有股果然非同凡響的感覺，充分感受到使用時的優點。深度較淺的上蓋料理盤不僅能夠拿來作為放置事前備妥材料的淺盆，當然也可作為較深料理盆的蓋子，要放入冰箱保存之際，便可感受到此料理盆組設計最精華的部分。不僅高度適中，無論是浸漬肉類、魚類，或涼拌蔬菜時會有湯汁產生也非常放心。將瀝油網拿來放置撒鹽後的魚類，或要將汆燙過後的蔬菜攤平時也相當方便。

會讓使用者不禁懷疑，使用時那上手的感覺究竟是從何而來？感到無比順手。這些都是讓我對其他料理盆完全看不上眼，只鍾情於此款用具的理由。

醃漬竹筴魚

材料（容易料理的份量）

竹筴魚（生魚片用）……1大尾

A
- 醋……80 ml
- 紅蔗糖……2小匙
- 薄鹽醬油……1/2 小匙
- 鹽巴……1/6 小匙

紅洋蔥……1/3 顆

香菜葉……適量

① 竹筴魚切成3片，放置於疊有瀝油網的料理盤，均勻撒上適量鹽巴。

② 以小鍋子將調味料A煮滾後，靜置冷卻。

③ 薄切紅洋蔥。

④ 將調味料②倒入較深的料理盆中，並將去水的竹筴魚及紅洋蔥薄片放入。蓋上鍋蓋，置於冰箱2小時使其入味。

⑤ 去除竹筴魚的魚皮及魚骨，切成一口大小，配上紅洋蔥及香菜即可完成。

竹篩

我一直認為，自古便有的道具一定有其存在的道理。不同於現在，有各種東西相當方便取得的環境條件下，所衍生出的器具。即便今日依然被使用，屹立不搖的存在意義。

對我而言，帶有這種特質的物品中，最熟悉不過的器具便是竹篩了。竹篩並非從以前就開始有在使用，我反而是到了最近才重新審視這項器具。我的祖母及母親雖然都有使用，但到了我這代，我卻以最普通的篩子代替，便宜行事。

會說是代替，是因為我一直認為竹篩和其他篩子的功能沒什麼差別，事後卻發現並非如此。篩子及竹篩絕非相同的器具。竹篩的優點在於攤平盛放氽燙物或濾水後的食材，「能夠攤平」是相當重要的關鍵。

若要避免氽燙後的蔬菜失去色澤，一般會將水瀝乾，但我卻還蠻常偷懶省略此步驟。氽燙完成後立刻移至竹篩攤平，讓食材快速冷卻不是為了瀝乾水分，而是避免讓蔬菜變得水濕濕的。如果這個作業用一般篩子來做的話，蔬菜因為吸取水分變重而難以冷卻，同樣使得水分無法去除。因此若要快速讓氽燙物冷卻，或充分瀝乾水分，只有竹篩才辦得到。

尺寸較小的竹篩在用來盛裝汆燙豌豆莢或四季豆也相當便利。尺寸較大的竹篩則可盛裝菠菜等菜類。不僅如此，用較大尺寸的竹篩來曬乾白蘿蔔或香菇也非常方便。建議可以準備2個不同尺寸的竹篩備用。

使用過後立於窗邊陰乾即可。

和風醃漬蔬菜

材料（2～3人份）

四季豆……12條

油菜花……1/2把

豌豆莢……12片

柴魚高湯……100ml

薄鹽醬油……2小匙

鹽巴……少許

①四季豆及油菜花長度切半。撕去豌豆莢兩側筋絲。

②將水煮沸後，汆燙四季豆3～4分鐘、油菜花2～3分鐘、豌豆莢入水後快速撈起，攤平於竹篩上，放置於通風處使其快速冷卻。

③請於柴魚高湯中加入薄鹽醬油及鹽巴混合，將食材②放入，置於冰箱2～3小時，浸漬使其入味。

擀麵板

揉捏麵包麵團、手工擀義大利麵麵團、製作餅乾麵團等，在處理粉類材料時，還是需要擀麵板。雖說一般的砧板並非不能拿來使用，但砧板的使用效率實在劣於擀麵板。撒粉擀製時，麵團面積會逐漸擴大，因此有個大小適宜的擀麵板是再好不過了。

我雖然也使用過多款擀麵板，但有一個缺點讓我不管怎樣都會心浮氣躁。那就是當體重施加在擀麵板之上，擀製麵糰使其變大時，擀麵板會移動無法固定的問題。就算底下鋪了濕抹布，擀麵板還是會動來動去，讓我苦思到底有無解決方法。此時，發現同為料理家的友人所使用，宜家（IKEA）推出的擀麵板相當好用。擀麵板前端帶有凹折設計，能發揮固定功能。友人在用此擀麵板擀了麵糰後，表示這真的是個好物，讓我也決定要擁有這項用具，便在之後前往宜家購買。

不僅無須濕抹布固定，就算施力也不會隨便移動。讓我深感這真的是項智慧商品，也解決了我在處理粉類食料時的浮躁情緒。

但長時間使用後，卻也發現了這塊擀麵板的缺點。那就是木板會開始翹曲，卻無法翻面使用的部分。但再想想，與其因為移動無法固定讓心情浮躁，用久了不過就是稍微翹曲而已，尚可接受。

購買一塊新擀麵板存放備用就能解決。

青蔥煎餅

材料（1人份）

- 低筋麵粉……180g
- 溫水……100ml
- 火腿……2片
- 青蔥……3支
- 粗鹽……½小匙
- 香麻油……1大匙
- 韓式辣椒醬、醬油等……各適量

①細切火腿及青蔥。

②於料理盆中倒入低筋麵粉，加入溫水。以料理長筷不斷攪拌直到麵粉與溫水充分混合。

③於擀麵板撒粉（低筋麵粉、適量），食材②置於擀麵板上，將身體重量透過雙手下壓，不斷揉捏麵團，直到麵團呈現濕潤狀後，靜置10分鐘醒麵。

④於擀麵板及擀麵棍撒粉，將③的麵糰擀成薄片狀，用手將1小匙的香麻油均勻抹在麵糰上，撒上食材①及粗鹽。

⑤將麵團由前向後捲成像圓條棒狀，再從端側把麵團捲起成旋渦狀。將捲完的部分確實壓黏。

⑥用擀麵棍將食材⑤擀成薄片。

⑦將剩餘的香麻油倒入平底鍋加熱，放入食材⑥並蓋上鍋蓋，以中火熱煎5分鐘。不時晃轉平底鍋，避免燒焦。反面也以相同步驟熱煎5分鐘。

⑧進行切片。並添加韓式辣椒醬、醬油等個人喜愛的醬料。

圓形琺瑯保鮮收納罐

野田琺瑯所推出，從保鮮收納罐到方形料理盆的白色系列商品，我手邊有著他們家各種形狀、尺寸的產品。即便到了今日，那使用時的順手及俐落感對我而言，仍是獨一無二。

最令我最敬佩的，是野田琺瑯的社長夫人及媳婦會以廚房為工作環境，站在家庭主婦的角度，抱著實踐、實驗的態度去思考「如果是我會想要怎樣的用具、怎樣的尺寸大小」最為適宜，進而開發出各項產品。只要使用過，都一定會對野田琺瑯的產品設計折服，因為那些都是站在使用者角度，充分思考設計而成的產品，同時也是我實際有在使用的用具中，使用頻率相當高的器皿。

保鮮收納容器除了較深、較淺的長方形外，還有圓形設計。之前曾聽社長夫人提及，會採用小尺寸圓形設計，是因為想著如果能用來保存剩餘的火腿該有多好。實際上，當我自己有剩下火腿時，真的會不自覺地就拿起這小型圓形收納容器裝放。小型圓形罐就是有著讓人想拿來使用，且相當順手的優點。

野田琺瑯的產品中，還有一款也是採圓形設計，讓人不禁拿起使用，使用順手的收納容器，那就是圓形保鮮收納罐 。特別是用來盛裝剩餘高湯或醬汁較多的料理時，極為便利。我同時也會拿來存放尚可重複使用的油品。若將液體存放於長方形食物保存容器的話，常會發生滴漏情形。但若是圓形罐，就不會有這樣的問題。即便有時因分裝需要攜帶外出時，附有內蓋的設計讓人能夠安心使用。更因採圓形設計，也較不用擔心因碰撞造成液體搖晃，使得滴漏發生。

我就對之前告訴我宜家擀麵板很好用的友人，回饋了這個圓形保鮮收納罐很不錯的實用資訊。

這個保鮮收納罐在我家可說幾乎沒有高掛收起的時候，是相當派得上用場的用具。

蓮藕湯

材料（2～3人份）

柴魚高湯……400ml
蓮藕……180g
鹽巴……適量
香麻油……1小匙
芽蔥……適量

①將蓮藕削皮，浸於適量的醋水（分量外）中。於鍋中將香麻油加熱，倒入柴魚高湯，以中火烹煮。
②將食材①的蓮藕磨泥放入，烹煮至帶有些許黏稠狀後，加鹽調味。撒上細切的芽蔥即可完成。

竹製磨泥器

竹製磨泥器這用具真的相當厲害。用金屬磨泥器磨成的蘿蔔泥跟竹製磨泥器磨出的蘿蔔泥差異極大。如果以蘿蔔泥不僅是配角，更化身成能夠品嚐享受的主角來形容蘿蔔泥，不知是否能讓讀者感受到竹製磨泥器的威力。

讓我見識到竹製磨泥器的非同凡響，是在某間蕎麥麵店。品嚐著冰鎮蕎麥麵的季節中，附有大量用竹製磨泥器磨製的辣味蘿蔔，不僅口感爽脆，研磨後所滲出的水分量適中，用來搭配涼爽蕎麥麵是再適合不過了。我到現在還記得品嚐時心中升起：「哇！這真是不錯呢！」的讚美之情。

當時，我還不知道竹製磨泥器究竟是怎樣的用具。實際尋找後，才發現它是從古早時就已經拿來被使用，且設計相當簡單。簡單、低調的料理用具——竹製磨泥器。

若要說有了竹製磨泥器的改變，那就是變得只用竹製磨泥器磨蘿蔔泥吧。就這樣地，讓蘿蔔泥由原本的襯托角色一躍成了主角般，強調蘿蔔這個食材的存在。正在想著還有沒有其他可以拿來磨泥的食材，除了白蘿蔔，我還嘗試拿小黃瓜、胡蘿蔔，以及雖然帶點筋絲、處理上有點麻煩的芹菜來研磨。將這些食材都以竹製磨泥器磨成泥，製作成沙拉風格，再大量放置於烤魚或醋漬魚上，便能成為豪華的主菜。竹製磨泥器磨成的泥不會呈現溼答答狀，因此也可以在炙烤鰹魚生魚片放上磨製的白蘿蔔泥或小黃瓜泥，不僅份量十足，極度爽口，是我最近相當喜愛的品嚐方式。

若竹製磨泥器研磨搭配魩仔魚的蘿蔔泥，更是能成為口感滿分的小菜，讓味蕾無比滿足。拿著竹製磨泥器研磨各種蔬菜可說是樂趣相當呢！

炙烤鰹魚生魚片佐沙拉

材料（2～3人份）

鰹魚（炙烤用）……1/4條
白蘿蔔……1/8條
小黃瓜……1/2條
紫蘇花……適量
醋……1大匙
粗鹽……適量
橄欖油……適量

①以大火炙烤鰹魚表面，放入冰水快速冰鎮。擦乾水分後，切成大塊狀。
②以竹製磨泥器研磨白蘿蔔及小黃瓜，加醋攪拌。
③於餐盤擺上食材①，均勻撒上粗鹽，將食材②放置其上，撒點紫蘇花，並淋上橄欖油。

Med
Med Hi

烤網

我非常喜歡麵包烤得略帶焦色。若用烤麵包機的話，雖然能夠整體呈現微焦，但麵包本身的水分都會蒸發殆盡，變成硬邦邦的乾燥麵包。

當然那樣的麵包也是美味，但對我而言，完美的烤麵包是中間仍帶些濕潤口感，四周圍則是烤到焦脆。

此時，當然必須讓烤網登場了。雖然是用相距較遠的火侯烘烤，但卻能呈現直火才烤得出來的焦脆，中間更保留膨軟帶有水分。這都是烤網才有辦法達到的境界。

我在烤麻糬時，也是使用烤網。中間部分會開始帶焦，接著像是畫中可見，蹦地一聲的從中爆開，沾醬油時，麻糬吸取醬汁，流出了香氣，看起來實在美味可口。

我冬天還會用烤網燒烤薄切成圓片狀的白蘿蔔作為沙拉。將烤到留有烤網網目形狀、略帶焦色的白蘿蔔搭配乾柿或藍紋乳酪。燒烤後的香氣也成為了味道的一部份，可說是完美的調味料。

與烤麵包機相比，烤網或許較為費時，但若是想要單純完整地烤出麵包或麻糬應有的風味，當然就要選擇理想的烤法，品嚐最佳口感。

將用烤網烤好，充滿香氣的麵包放上大量的酪梨品嚐也是我相當喜愛的吃法。不只吐司或麻糬，當有想要烤點什麼東西的時候，烤網真的相當方便。如快速烘烤海苔、一夜干、酒粕片，炙烤後的香氣四溢，真讓人食指大動。請讀者務必親身感受以烤網直火烘烤的焦香及口感。

烤吐司佐酪梨

材料（2人份）

酪梨……½顆
吐司……2片（帶有些許鹽份的吐司）
奶油……適量
粗鹽……適量
香草（喜愛的種類）……適量
橄欖油……適量

① 將烤網以中大火加熱，放上喜愛的吐司烤到2面皆帶微焦。
② 趁熱塗上奶油，並以湯匙挖取酪梨擺放其上。
③ 撒上香草葉及粗鹽，淋上橄欖油。

櫻桃去籽器

櫻桃是我小時候最喜歡的食物。每當產季到來，就迫不急待大啖櫻桃！會塞到整嘴都是，無論多寡全數掃空，最後卻搞到肚子痛……。小時候，美國櫻桃還不像現在這般普及，最剛開始看到美國櫻桃時，對於那紅黑色澤驚艷不已，一直自問，這真的同樣也是我愛到無法自拔的櫻桃嗎？

當開始從事料理相關工作後，才知道無論是菜餚或點心，美國櫻桃都有辦法發揮它的魅力。直接食用當然美味，但以火烹煮，或是和其他食材搭配之後，更是非同凡響。這時，就該是櫻桃去籽器登場的時候了。讀者可能會認為，嗯？……有用具是如此單一專用的嗎？沒錯！這就是季節限定、專用於櫻桃的用具。正因如此，拿出來使用的時間相當短暫。

不過，有跟沒有真的天差地別。若沒有櫻桃去籽器，就必須用水果刀將櫻桃畫刀，剝開果肉，努力取出櫻桃籽。正想著多煮點酒漬櫻桃，卻在處理完櫻桃時，眼看手指已被染成紅色。若有櫻桃去籽器，便能輕鬆完成去籽工作，櫻桃更是完好如初的圓形。此外，用櫻桃去籽器的去籽作業本身也相當有趣，會讓人上癮停不下來。

其實，我採購這個用具也是最近的事。每年只要一到了櫻桃產季，必會重複著：「哎啊！好想要櫻桃去籽器，是該來去選購了！」好幾年都是抱著有的話真好，沒有的話似乎也無妨，遲疑不決的心情。但我要在此鄭重宣告『沒有櫻桃去籽器雖然無妨，但有的話，卻是個讓人相當愉快的用具』。

酒漬櫻桃

材料（容易料理的份量）

美國櫻桃……250g

紅酒……100ml

水……100ml

白砂糖……40g

肉桂條……¼條

①用櫻桃去籽器將美國櫻桃去籽。

②於鍋中加入紅酒、水、白砂糖及肉桂條以中火烹煮，沸騰後攪拌使白砂糖融化。

③把食材①加入，以小火燉煮5分鐘，關火冷卻。

※待降溫後，倒入保鮮容器，置於冰箱保存。

※將酸奶油添加些許蜂蜜使其帶點甜味，攪拌後搭配酒漬櫻桃品嚐。

0
10
20
30
40
50
60
70
80
90
100
肉用温度計

肉用溫度計

「沒有其實沒關係，但有的話很便利」，這或許是料理用具的存在目的之一。肉用溫度計就屬於這類用具。在燒烤肉塊時，雖然可以每次都以相同的步驟方式，用感覺記下如何烹調，但即便烤箱設定相同溫度，每塊肉都存在著差異，因此每次都要烤出相同狀態的肉塊實在有難度。

若考量要讓火侯充分進入肉塊內部，卻又因烤過頭使得肉質過硬的情況也是時常發生。若小心翼翼地以小火燒烤，卻又會讓肉塊中央仍呈現血紅，只好重新烤過。總覺得料理肉塊時老是在重覆上演這樣的情境。

我不禁思考，如果老是用感覺料理肉塊，就永遠無法完美上桌。那麼，就該讓令人信賴的專用用具登場了。

這項工具的名稱也相當一目瞭然，就是肉用溫度計。

將溫度計插入肉塊中央，溫度計的指針會緩慢爬升。料理牛肉時，可根據儀表上一分熟、五分熟及全熟的參考溫度，料理豬肉時，也提供有建議烹調溫度，相當便利。就算是長時間放於烤箱烘烤內，肉品中央也不見得絕對熟透，溫度是會以緩慢的方式上升。要以自己習慣的火侯大小料理的話，肉用溫度計更是項重要用具。偶爾完全仰賴料理用具，或許也是讓自己廚藝精進的捷徑。

邀約友人前來家中用餐時，完全不用擔心烤箱中的牛豬肉塊或烤雞烤的好不好，似乎也可增加餐桌上樂趣。

烤牛肉

材料（容易料理的份量）

牛肉塊（腿肉）……800g～1kg
大蒜（磨泥）……1瓣
粗鹽……1小匙
黑胡椒……適量
橄欖油……1大匙
馬鈴薯……2顆
細香蔥……適量

①將牛肉解凍，均勻抹上粗鹽、大蒜及黑胡椒。馬鈴薯帶皮洗淨，切成6～8等分。烤箱預熱至170℃。
②將橄欖油於平底鍋中以大火加熱，燒烤牛肉表面。
③將食材②置於料理紙或烤盤上，周圍擺放馬鈴薯。大約烘烤1小時，並以肉用溫度計確認肉塊中央的溫度達52～56℃。
④將食材③的肉塊用鋁箔紙包覆，靜置20分鐘以上。

※將肉塊切成薄片，放上馬鈴薯，並以細香蔥等裝飾擺盤。

日式煎蛋鍋

運動會的便當中，一定會有母親製作的日式厚煎蛋。是帶點微焦，些許甘甜的煎蛋。最開心母親煎好時，將切下的邊角讓我先品嚐，我每次都會站在母親身旁，觀看母親煎蛋的身影。

我好愛熱騰騰且微焦的煎蛋邊角，甚至認為那是最美味的部分。母親有特別交代，用過的煎蛋鍋不可以清洗，因此每次用畢後，都只以乾淨的抹布沾些許油分擦拭。讓煎蛋鍋看起來就好像沒有在保養般地烏漆抹黑。不過，據說這樣是保養方式是沒問題的。

當我離開老家時，母親給了我很多料理工具。中式蒸籠、銅鍋、鐵製不沾鍋等等。更道，「接下來廚房的主角就是妳了」。我也就抱持著繼承這些早已熟悉用具的想法，接收了母親所使用的用具。說真的其實很想要煎蛋鍋，但煎蛋鍋是目前母親還一直有在使用的用具，因此只好忍耐下來，向相同的廠商「有次」購買了新品。

詢問母親日式厚煎蛋的材料比例，她的回答卻是，這個嘛……，每次都很隨興呢！酒就涮……的倒下去（聽起來很像是在指倒酒秒數計算的感覺），醬油則是灑…的感覺。

我聽完當下反應是，什麼？我從小吃到大，熟悉的媽媽牌日式厚煎蛋味道不曾改變啊。真的有那麼隨興嗎？我在詢問燉煮物如何調味時，母親也是用相同的方式形容（感覺像是倒下調味料時，液體發出聲響的時間）。

用感覺煎蛋，每次卻都能作出一樣的味道。這真的是一再重複相同作業才能達到的境界吧！我也要用我新買的「有子專用」日式煎蛋鍋，朝著每次都能作出「相同味道」的日式厚煎蛋目標邁進。

日式高湯蛋捲

材料（1條份）

蛋……5顆
柴魚高湯……60ml
紅蔗糖……2小匙
酒……1小匙
薄鹽醬油……$2/3$小匙
鹽巴……少許
香麻油……1大匙
白蘿蔔泥、紅蔘……各適量

①將蛋打散，加入調味料及柴魚高湯，充分攪拌後過濾。
②日式煎蛋鍋充分預熱，加入香麻油使其均勻流至鍋面後，將多餘的油份倒至小容器中。
③取大約一個湯勺量的蛋汁倒入，均勻流滿鍋面。
④當周圍開始出現微焦時，由內向外捲起，再將蛋捲推回內側。
⑤補充少許方才倒出的多餘油份，流滿鍋面，將廚房紙巾對摺後擦拭整個鍋面，再倒入相同份量的蛋汁並使其流入蛋捲下方，由內向外再次將蛋捲起。重覆上述動作。
⑥切成一口大小，並以白蘿蔔泥、紅蔘裝飾擺盤。

保溫鍋罩組

保溫鍋罩那既軟綿又可愛的樣子，稱為用具的話，可能會讓部分讀者頗有微詞。圖為CRISTEL鍋具專用，名為Hot Quilt的保溫用具。這是專門推出料理工具、餐具及食材的Cherry Terrace社長井手櫻子女士在2011年東日本大地震時，發現在盡量不使用火力及電力的前提下，卻還能夠充分享受美味食物的重要性，因而推出了該商品。

目前坊間的保溫用具種類也相當多，但我卻未曾積極使用過。最主要的理由在於保溫用的外側容器往往都身形龐大，老是讓我覺得放在廚房的話，會很礙事礙眼。然而，Hot Quilt卻有著和既有的保溫料理用具完全不一樣的設計。看著Hot Quilt，便有股「來使用看看吧！」的輕鬆想法。因Hot Quilt採壓線車縫，看起來很輕盈。本體及上罩為相同形狀，不同大小設計，因此能夠堆疊收納。

這保溫鍋罩組不只是根菜類、燉肉料理或豆類料理，只要有些許水分便能讓食材燜蒸膨脹，保溫效果極佳。將稍微厚切的根菜類以保溫鍋罩組進行燜燒後，更是濕潤鬆軟。當看到竹籤能夠輕鬆穿過時，真的相當感動。要讓肉塊能夠完全軟嫩熟透，雖然需要一段時間，但只要充分掌握保溫時間，成品和不斷加熱的肉質完全不同，湯汁也是晶瑩剔透。返家較晚的夜晚時，在白天先將料理加熱並放入保溫鍋罩組的話，回家時已有一道菜餚能夠上桌，實在幫助極大，保溫鍋罩或許也可稱為終極料理用具之一。

香蒸雞肉佐根菜

材料（2人份）

雞胸肉……1塊
蓮藕……80g
甘藷……1/2條
山藥……6cm
大蒜……1/2瓣
牛至……2條
奶油……15g
橄欖油……1大匙
白酒……1大匙
紅酒醋……1大匙
粗鹽、黑胡椒……各適量

①將蓮藕、甘藷及山藥帶皮切成1.5cm厚的圓塊。輕輕拍碎大蒜。將雞肉畫刀，讓厚度均一。

②選擇底部較厚的鍋子，於其中加入橄欖油及大蒜加熱，將雞皮朝下煎脆後翻面，快速熱煎後取出。

③加入根菜、食材②的雞肉、牛至、白酒、紅酒醋、奶油、粗鹽及黑胡椒，確實蓋緊鍋蓋，以大火烹煮3～4分鐘後，直接放入保溫鍋罩並蓋上上罩，靜置45分鐘。

④將雞肉切成一口大小，擺上根菜裝飾。

胡椒研磨器

有個能夠單手研磨的胡椒研磨器實在方便。料理時，若在揉製漢堡排的材料，必須先將手洗淨，拿起磨胡椒罐，但有了胡椒研磨器便可單手解決，用鍋子煮湯時，也只需要啪地打開鍋蓋，用著單手操作即可的胡椒研磨器唰唰地撒下胡椒即可。

市面上雖然也有用一隻手指輕按即可的電動款式，但簡單的胡椒研磨器大多都是需要雙手同時操作的設計。以前我所喜愛使用的單手胡椒研磨器很不幸地已停產，之後就一直找不到可單手操作、樣式簡單樸素的胡椒研磨器商品。這個設計既簡單，又可單手操作的胡椒研磨器是外子在夏威夷居家用品店Williams-Sonoma找到的。外子可能是惦記著我老把有沒有能夠單手操作的胡椒研磨器需求掛在嘴邊，才當伴手禮買回來給我的吧。

Williams-Sonoma很早之前就曾進軍日本，同時也是我很喜歡的居家用品店。不過其後退出日本市場，實在可惜。真希望這樣的居家用品專賣店能夠再次於日本展店。相信Williams-Sonoma一定會有很多超便利商品，這樣的商店就是能夠讓人安心，以及感到極為便利。

怎麼越說越遠，我們是在討論胡椒研磨器對吧！我雖然也有在用雙手操作的胡椒研磨器（在擁有這單手胡椒研磨器之前所購買），但料理時，能夠快速取用的，果然還是單手操作類型。無論如何，料理最重要的就是順暢地進入下一步驟及敏捷迅速。

胡椒研磨器可說是擁有一個的話，會很便利的工具。有了胡椒研磨器就不需事前磨好待用，而是在需要的時候，立刻將胡椒粒喀拉喀拉研磨，散發出來的香氣完全不同，更可增進食慾。

番茄與櫛瓜黑胡椒冷盤

材料（2人份）

櫛瓜……1/2條
迷你番茄（黃色、紅色）……各2顆
水果番茄……1顆
帕瑪森起司……10g
橄欖油……1大匙
粗鹽……少許
黑胡椒……適量

①將櫛瓜切成薄片後，浸於冷水中備用。瀝乾後，以餐巾紙充分吸乾水份。另番茄切成薄片。
②將食材①擺盤，撒上磨削成薄片狀的帕瑪森起司及粗鹽，並淋上橄欖油。
③撒上大量黑胡椒。

TOTAL NUTRITION CENTER
Vitamix

全營養調理機

在使用中的果汁機因老舊，開始尋找新商品之際，正好耳聞Vitamix這台調理機的威力，心想反正若真要買，不如就來親身確認威力到底有多驚人，因此購入了Vitamix。

據說，連酪梨的種子也能打碎！但我實在沒有勇氣嘗試。因為當我用來料理比酪梨種子硬度軟的冰塊時，那聲音及震動驚人無比……。果真是具備美國品牌應該要有的商品尺寸及巨大聲響，讓我每次使用時都戰戰兢兢，一點一點慢慢地讓其運轉，對於日本人的廚房而言，Vitamix的噸位似乎有點太重。

但還是要拜Vitamix威力所賜，當我用來調理西式濃湯及冰沙時，能夠呈現柔軟綿密，讓食材細緻，若是以一般果汁機製作的話，是無法得到這樣令人滿意的成品。

即便是容易殘留纖維的玉米、大白菜或蕪菁，在利用Vitamix調理成濃湯後，幾乎不殘留纖維，相當滑潤。特別是用來製作大白菜濃湯時，由於大白菜含有大量纖維及水分，更能充分感受到Vitamix和一般果汁機的差異。甚至有人表示，「正因為那大白菜濃湯相當美味，因此在家自己嘗試製作，但卻是不一樣的味道…」。帶有空氣的柔嫩、滑順口感果然還是只有Vitamix才有辦法呈現。

以商品機能而言，雖然很單純的就是強大的調理威力，比起其他調理機富有許許多多的功能，簡單的Vitamix似乎更符合料理使用需求。或許有點誇大其詞，但Vitamix的威力可真是無人能敵。

哈密瓜與薄荷湯品

材料（2人份）

哈密瓜（全熟）……½顆
生薑……2小塊
蜂蜜……2小匙
薄荷葉……8片

①將哈密瓜削皮、取出種子後，切成一口大小。生薑去皮後，切塊。
②食材①、蜂蜜及薄荷葉放入Vitamix，調理至滑潤狀。

bamix® of Switzerland

食物料理棒

食物料理棒是我所使用的料理用具中，使用時間最長，也最鍾愛的用具之一。雖然不是每天都會用到，但若沒有食物料理棒，還真的很讓人困擾。

不像果汁機一樣身形龐大，在要將少量的食材做成泥狀，或想直接於鍋中調理，皆相當方便。

這種用具一旦收起後，就會漸漸不用，因此務必放在能夠隨手取得的位置。輕巧體積對料理用具而言，也是相當重要的元素。除了蔬菜泥，還可用來調理肉漿及魚漿，可運用的食材範圍廣泛，完成的佳餚讓餐桌更為繽紛豐富。

我到前陣子之前都還是購買市售已經磨好的芝麻醬，但有了食物料理棒，讓我能夠隨時製作出香味四溢的現磨芝麻醬。之前還必須隨時備有炒芝麻粒、芝麻粉、芝麻醬庫存，如今只需要備妥炒芝麻粒即可。在芝麻開始呈現泥狀前停下食物料理棒的話，就可完成芝麻粉。

製作步驟相當簡單，讓我不禁疑惑為何以前從來不曾想過要自製芝麻醬。再者，剛磨好的芝麻醬香氣更是讓人滿意無比。除了一般的日式拌物，製作添加有白味噌、豆腐的拌物料理時，我的第一個步驟一定都是拿著食物料理棒，製作芝麻醬。

除此之外，早餐的飲品或製作可存放的小菜、烘焙餅乾等等，徹底利用食物料理棒作為輔助工具的話，可以在各種料理情況下大放異彩。用著冰箱中僅存的少量蔬菜，在週末之際製作西式濃湯時，拿著食物料理棒就可直接在鍋中調理至滑潤為止，相當方便。

食物料理棒的重量較為輕盈，就算年紀越大，也可持續使用，好比是我們在廚房中的最佳夥伴。

日式拌黑木耳

材料（容易料理的份量）

黑木耳（乾燥）……7g
豌豆莢……8片
絹豆腐……150g
白芝麻粉……50g
紅蔗糖……½小匙
薄鹽醬油……1又½小匙
鹽巴……少許

①將豆腐以餐巾紙包覆，把水吸乾。黑木耳泡在水中使其形狀復原。撕去豌豆莢兩側筋絲。
②於鍋中滾沸熱水，將黑木耳及豌豆莢分別汆燙2分鐘，以竹篩濾水，放置冷卻。豌豆莢對半斜切。
③於小型鍋中倒入白芝麻粉，以小火加熱，用食物料理棒調理成芝麻醬。
④將①的豆腐放入料理盆中，用木鏟等充分拌勻，加入③的芝麻醬及調味料後，繼續攪拌直至滑潤。
⑤將黑木耳及豌豆莢加入④中拌勻。

鍾愛的 食材

米

剛煮好的白飯為何會如此美味？用優質的白米以美味的方式炊煮，甚至只吃白飯就相當滿足。用剛煮好的白飯作成鹽味飯糰，也是會讓人不知不覺想大啖品嚐的美味之一。捏得軟軟鬆鬆，熱呼呼的鹽味飯糰，真是何等享受。真是的！說到我現在就想即刻品嚐了。我有許多從事料理相關工作的朋友皆相當喜愛鹽味飯糰，果然我們都是鍾情於這極簡的逸品。

我和種米農家一直都有往來，已經維持了快十年的交情。這戶農家位於山形縣庄內地區，是由家族共同經營，放入情感，細心栽培稻米的「井上農場」。初次造訪庄內時，早餐就是品嚐到用井上農場的稻米所作成的鹽味飯糰。顆顆飯粒充滿光澤，甚至能夠立起，美味到讓我塞得滿嘴都是。最具代表性的品種「美姬」恰到好處的黏性，含水量適中，就如同其名，充滿美麗亮澤。我雖然本身就很喜愛「美姬」品種的稻米特性，但井上農場特別栽培的「美姬」更是讓我為之驚艷，充滿無比美味。就算長年食用也不會感到厭倦。

另外，透過電話和井上農場老闆的母親話家常也是我的樂趣之一。電話中，老闆母親會用溫柔的語氣問我：「最近如何？過得好嗎？」，將米連同小松菜、番茄或柿子一同寄來給我，對我而言，老闆母親就像是親生媽媽的存在。雖然較難見上一面，但對於生活在東京的我而言，每當米寄達時，彷彿也將讓人平穩的元素同時送到我手上。是每每品嚐之際，就會讓人從中獲得動力，吃得開心、美味的稻米。

我偶爾會在早餐時，在白飯中加入適合的魚干及梅子等，全部攪拌混合，像是享受豪華早點般，大口品嚐那份美味。

魚干梅子飯糰

材料（容易料理的份量）

- 米……1.5杯
- 金梭魚干……1片
- 梅干……2顆
- 白芝麻……1大匙
- 芽蔥……1把

①將米洗淨、濾乾後，倒入等量的水浸泡、炊煮。
②金梭魚干煎到有香味，去除魚皮及魚骨，將魚肉搗碎。
③將①的白飯倒入木製飯桶，加入食材②、搗碎的梅干、白芝麻及細切的芽蔥後，輕輕混拌。

※於手心沾少許鹽巴，捏成飯糰。

義大利麵

義大利麵是我隨時都想吃的愛物。每次都會為了到底要吃長義大利麵還是短義大利麵煩惱。當然也要考慮跟醬汁的搭配性，但究竟是要優先決定義大利麵，還是先決定醬料，真會讓我陷入抉擇。

不過，若真要吃義大利麵，還是會有著用叉子捲起的既定印象，因此長義大利麵勝出的機率還是較高。

我最喜愛長義大利麵的粗度及麵條光滑的口感。若再搭配上油類或番茄醬等簡單醬汁，更是美味加倍。製作成碰觸舌尖及下喉時口感極佳的溜滑義大利麵是再適合不過了。前些日子，我去了間現在非常高人氣的義大利餐廳，品嚐了需水煮20分鐘，粗度相當的長義大利麵佐濃厚雞蛋醬汁，那美味令我為之驚艷，是能夠深度感受長義大利麵魅力的逸品。

然而，提到短義大利麵，也是會隨著醬汁種類，決定要使用哪種形狀的短義大利麵，呈現出來的料理也會有所差異。不過，我們當然不可能時常備有多款種類的短義大利麵，我最近則是偏愛能夠跟各種醬汁搭配，麵條可以充分入味的Setaro Strozzapreti 。無論是搭配將櫛瓜及花椰菜煮到軟爛的濃稠醬汁，或是像燉肉的濃郁醬汁都相當合適。Setaro Strozzapreti接觸到舌尖時，讓人能夠充分感受義大利麵粉的存在，麵條本身更是帶有超越滑潤等級的口感。自從在自家附近的義大利食品行看到這款義大利麵後，便一直使用至今。用同樣是由Setaro推出，一款名為Paccheri 的大圈環狀義大利麵，搭配螢烏賊的迷你番茄醬汁也相當美味。

　義大利麵料理中，會影響美味與否的不僅是醬汁，義大利麵本身的味道也會讓美味程度迥異。

番茄義大利麵

材料（2人份）

Divella義大利麵（長版）……180g
水煮番茄（瓶裝）……400ml
橄欖油……2大匙
大蒜……1/2瓣
粗鹽、黑胡椒……各適量

① 煮沸大量熱水，加入適量粗鹽，汆燙義大利麵。
② 在另一鍋中放入1又1/2大匙橄欖油及輕輕拍碎的大蒜加熱，倒入水煮番茄。蓋上鍋蓋，以中小火燜煮，加入2大匙①的煮麵水，以粗鹽調味。
③ 倒入義大利麵，關火後拌勻。
④ 將③盛裝至加溫過的器皿中，淋上剩餘的橄欖油，撒上黑胡椒。

高湯

將放有昆布的水煮滾，加入大量柴魚片，廚房馬上就充滿柴魚香，心情也變得充實，讓人想站在鍋前大口呼吸。有時需要濃郁紮實的湯頭，有時則是需要清爽高湯。這都是會依料理、季節而改變。料理，還是必須以高湯為起頭。和隨意濾煮的高湯相比，用心烹煮的高湯當然美味。雖然看似單純作業，但更需投入心思製作，才能取得好的高湯。

柴魚片當然是越新鮮越好，但平常較難一口氣用完整包柴魚片，因此我都會冷凍保存。柴魚片冰在冷凍也不會結凍，因此能夠每次取需要的使用量。我雖然不會經常前往築地，但我用的是築地「伏高」的柴魚片。若有事前往築地之際，一定會繞去伏高採買。伏高是10年前左右，教授我如何處理魚貨的老師告訴我的魚貨商店。我常常買來之後馬上放入嘴中品嚐美味，或者用來製作高湯，也會讓人一口接一口喝不停。

昆布則是用奧井海生堂的產品，我都是購買能夠盡快使用完畢的少量包裝。雖然是用來作高湯有點浪費的優質昆布，但有時會突然想製作昆布生魚片，因此都是使用可以用來製作各種佳餚的片狀昆布。

用大量昆布及柴魚片熬煮出來的高湯美味不在話下。彷彿味道已經成形，光這樣就已經是無比享受。高湯煮好剩下的柴魚片還相當美味，若直接丟棄實在可惜，因此我會拿來做為柴魚香鬆，或作成梅子魚鬆保存。昆布則會和茄子或小黃瓜等夏季蔬菜一同細切後，作成醃漬物，與炊煮好的白飯或麵線一同品嚐。

淺漬夏季蔬菜

材料（容易料理的份量）

小黃瓜……1條
茄子……1條
蘘荷……1塊
秋葵……4條
紫蘇……4片
一味唐辛子……少許
昆布柴魚高湯……60ml
（昆布3公分塊狀）
鹽巴……適量

① 將用來煮成昆布柴魚高湯的昆布以廚房剪刀或菜刀處理成細塊狀。
② 秋葵以少許鹽巴搓揉，放入沸騰熱水中汆燙2分鐘，放冷後切丁。其餘的蔬菜也都切成丁狀。
③ 將①、②食材和一味唐辛子、昆布柴魚高湯及鹽巴混合拌勻。

※淋在剛炊煮好的白飯上，或搭配蕎麥麵或麵線品嚐也相當合適。

粗鹽及細鹽

我如果看到有興趣的鹽巴，就會買來品嚐看看。好比說前往旅遊時，無論是國內或國外，購買當地產的鹽巴是我在旅行時必做之事。其中有鹹味較重的鹽巴，也有略帶甘甜的鹽巴，充滿地域特色。精製方法等或許也是造成差異的因素。鹽巴顆粒粗細不同，使用方式也相當多元。

說真的，在食譜中要明確寫出鹽巴幾小匙的指示，還可相當有難度。使用的鹽巴種類不同，有些讀者做出來的料理或許會太鹹也不一定。但卻也有讀者表示希望能夠有個大致的參考量，如果沒有的話，很難拿捏多寡。然而，不只有鹽巴，食譜中的資訊充其量不過是參考值或提示，我還是希望讀者透過自己的味蕾，找出喜愛的鹹淡程度及味道。

言歸正傳，我建議讀者依照用途分別使用顆粒較粗及顆粒較細的鹽巴。若想要將展現食材美味的話，建議使用粗鹽慢慢料理。若是快完成一道菜餚之際的調味，則建議使用可快速溶解的細鹽。完全依照讀者希望料理最終呈現何種狀態而定。若希望舌尖能夠充分感受鹽巴存在的話，當然就是使用顆粒較粗的鹽巴。

以這樣的方式技巧性地活用鹽巴，鹽巴這調味料也能夠加乘料理的整體表現。我在料理教室中所使用的基本粗鹽為鹿兒島縣加計呂麻島所產的鹽巴。因雜誌採訪工作前往加計呂麻島，當看到大海時，海水呈現鮮豔的蔚藍，澄澈到讓我驚呼。會使用加計呂麻島所產的鹽巴，是因為認識了位傍海而居，獨自製鹽的職人，並實際看到職人手作鹽巴的過程。光回想起那片大海的顏色，讓人感覺美味的鹽巴又增添些許甘甜，讓美味加分。知道材料是在哪裡，以何種方式製作而成，對於烹調料理也是相當重要的環節。

鹽味馬鈴薯

材料（2～3人份）

迷你馬鈴薯……12～14顆
粗鹽……適量
油炸用油……適量（太白胡麻油或橄欖油）
蒜蘿……適量

①將迷你馬鈴薯連皮充分洗淨，完全擦去水分。
②鍋中倒入能夠蓋過馬鈴薯一半高度的油炸用油，以中火慢慢油炸①的馬鈴薯，炸至竹籤能夠快速穿過。再用大火高溫加熱至表皮酥脆。
③將油濾淨，撒上粗鹽及切碎的蒔蘿。

米醋

料理教室的學生時常會問我關於調味料的事。譬如「老師，這鹽巴在哪裡買？」「老師用的醋是哪個品牌？」等等。

詢問鹽巴、醋、橄欖油等基本用品的比例似乎相當高。砂糖或味醂這類甜味系的調味料與其說個人喜好，不如說是每人心中都有各自的選擇條件，所以我幾乎不曾被問及這些調味料是在哪裡買的。被詢問調味料時，最常見的問題就是如何區分使用場合以及有沒有更美味的調味料，其中，跟醋相關的問題感覺比例更高。

我持續有在使用的醋一共有2款。2款皆為米醋，但依照用途及季節，擇一使用。

1款名為「千鳥醋」，酸度相當柔和，沒有讓人皺眉的酸味，常被我拿來用在日式拌物或沙拉等料理。

另1款則為「純米富士醋」，具備紮實的酸味及濃度，常常用於夏天氣候悶熱之際，或拿來作醋漬生魚、壽司飯使用。

有時需要柔和的酸味，有時則需要帶有銳利度的酸味。思考著想要讓料理呈現怎樣的味道，進而選擇使用醋，也可說是讓料理美味的關鍵。

我因為相當喜愛醋，所以就算買回大罐包裝，也是很快便使用完畢。不過除了酸味，也要趁著風味尚在時，盡快將醋使用完畢，因此購買小罐包裝，經常性地購入新醋，也是讓醋充分發揮美味的訣竅。

用季節性美味蔬菜作成的泡菜往往能讓飯桌的菜餚更為豐富，因此我常拿各類蔬菜製作。蕪菁跟櫻花帶有初春氣息，我每年都會製成米醋及柴魚高湯的和風泡菜。

蕪菁櫻花泡菜

材料（2～3人份）

蕪菁……4顆

鹽漬櫻花……15g

米醋……80ml

柴魚高湯……300ml

紅蔗糖……2小匙

①保留蕪菁些許莖部，剝去外皮後切成6等分。將鹽漬櫻花的鹽巴篩掉。

②將米醋、柴魚高湯及紅蔗糖倒入小型鍋中以中火煮滾。

③關火後，把①倒入。

④完全冷卻後，倒入密閉瓶中，置於冰箱存放。

橄欖油

我老是在眾多的橄欖油產品中摸索。會不斷摸索是因為橄欖油的產地及品種豐富，想嘗試的商品太多了。當然，有味道相當熟悉，平時都有在使用的橄欖油品牌Laudemio，還有因為美味，所以每次必定回購的橄欖油產品。即便如此，只要一經過橄欖油商品區，發現新商品的話，不自覺地都會想買來嘗試。

橄欖油跟葡萄酒一樣，深受一個人的個性喜好影響，也會讓使用在何種料理的決策結果有所差異。在為數眾多的產品中，如果能夠遇到讓自己覺得「哇！這是我喜歡的橄欖油」的話，真的會讓人雀躍。

雖說是買來試試，但很少有橄欖油是能夠試味道後再購買的，因此往往只能帶著忐忑，依照直覺，像是買唱片時，看到喜歡的封面就買，這樣的情況說真的還蠻常發生。不過，卻也是另一種樂趣。

我所選擇的橄欖油商品多半為義大利產，但就算是義大利貨，產地及品種不同，味道也完全迥異。我另外還有喜愛的西班牙品牌。多元地選擇油品也能讓料理更加歡愉。選購橄欖油時，我都會購買小瓶裝，如此一來才能在橄欖油還是新鮮的狀態下使用完畢。另外，炒或炸等需要高溫加熱時，純橄欖油會比頂級冷壓初榨橄欖油更合適，因此我都會選購價格適中的純橄欖油。

當製作沙拉及醃漬物等生食料理、或要淋在湯品或義大利麵上時，推薦使用頂級冷壓初榨橄欖油。類似油燉蔬菜等需加熱的料理時，則使用純橄欖油。時常備妥這2款橄欖油，應付各種需求。

蘆筍蛋沙拉

材料（2人份）

綠蘆筍……1把

雞蛋……2顆

頂級冷壓初榨橄欖油……1大匙

粗鹽、黑胡椒……各適量

①將雞蛋放入沸騰滾水中烹煮8分鐘，剝去蛋殼。

②將蘆筍較硬的部分折去，用削皮刀將下半部的硬皮削去。放入已冒出蒸氣的蒸爐中燜蒸，或以沸騰的熱水汆燙。

③將②擺盤，放上大致搗碎的水煮蛋，淋上頂級冷壓初榨橄欖油，撒上粗鹽及黑胡椒。

菜籽油及太白胡麻油

我平常使用的油種類除了橄欖油外，就是香麻油及太白胡麻油了。香麻油既濃郁又充滿香氣，在進行炒及拌物時不可或缺。炒及拌物除外，若想要料理帶有濃郁度時，不管是哪種菜餚，都會不經意地拿起香麻油來使用，可說是使用頻率極高的油品。前些日子，拿著香麻油煎烤香料羊肉時，香麻油的濃郁和羊肉融為一體，讓羊肉無比美味。

另外，太白胡麻油則是專門用在炸物時。看到炸起時的爽口感及不殘留多餘油份，會讓人極為感動。用太白胡麻油炸物最大的魅力在於即便放冷後也不會讓料理覺得油膩。用太白胡麻油來炸物雖然略為昂貴，但那酥脆的美味口感實在絕無僅有，讓人一旦品嚐過後就無法回頭。除了拿來炸物，也相當適合像是冷盤的清爽料理。

而最近，終於列入我油品清單中的，是「平出油屋」的菜籽油。為何會說是終於列入油品清單，是有理由的。我非常想要菜籽油，但一直沒有遇到美味的菜籽油，因此未曾使用。「平出油屋」的菜籽油除了具備濃度及美味，也較不帶有油品的特殊味道。實際舔嚐後，深受那美味震撼。

會知道這款菜籽油，是因為朋友在烘焙美味餅乾時，拿來作為材料使用之故。曾經拜訪過一次的「平出油屋」位於福島縣會津若松，該處同時也是外子父親的故鄉，更成了我前往造訪的契機。「平出油屋」是以自古傳承的古老工法，一個步驟一個步驟地嚴謹生產菜籽油。

製作美味餅乾的友人所分享的美味，更是在和自己相當有緣份的土地上生產。這樣的因緣際會讓我得知新材料，開始使用起菜籽油。

菜籽油拌小松菜

材料（2人份）

小松菜……1/2把
黑木耳（乾燥）……8g
梅干……1大粒
菜籽油……1又1/2大匙
薄鹽醬油……1小匙

① 黑木耳泡在水中使其形狀復原，汆燙2~3分鐘後放涼，切除較硬部位，再切成一半左右的大小。將小松菜放於大量熱水中汆燙約1分鐘，攤平於竹篩冷卻，去除水分後，切成5~6等分。
② 梅干去籽，以菜刀拍敲。
③ 於料理盆中倒①及②，淋上菜籽油，加入薄鹽醬油輕輕拌勻。

白味噌

會知道白味噌的魅力，是在京都品嚐了[※1]雜煮之後。第一次品嚐的白味噌雜煮濃郁且帶甜味，和軟嫩年糕融合在一起，讓我的舌尖跟心情也差點融化。

在這樣的情況下發現了白味噌的美味，於是就在京都的[※2]錦市場購買了白味噌帶回東京。

邊回想品嚐過的美味，邊嘗試製作白味噌雜煮，驚訝地發現白味噌的使用量比預期多很多，但卻是厚實且帶濃稠的美味。

在那之後，我才知道白味噌原來可以用在很多菜餚之中。特別是晚秋入冬的稍寒季節，實在無法抵擋這濃郁風味。在昆布高湯中加入大量的白味噌及薄鹽醬油，接著，再加入大量薑泥，完成的牡蠣火鍋可是我們家每年冬天不可或缺的逸品。

另外，白味噌也相當適合日常使用。將汆燙的青椒或豌豆莢拌入用白味噌作成的醋味味噌，在煎到微焦的木棉豆腐或熱騰騰的蒟蒻淋上白味噌醬，濃郁且帶甘甜的白味噌搭配青澀苦味的蔬菜、豆腐或蒟蒻等無味食材時，可說是陪襯地恰到好處。

放在冰箱備用的話，也相當適合拿來作為西式濃湯、醃漬肉類或魚類醬汁的提味材料，想要讓一成不變的調味有所變化時，白味噌便能發揮功效。此外，在料理柿子、無花果等水果類時，白味噌也可以是相當好的調味料。

初秋之際，我一定會製作無花果前菜，白味噌和蛋黃搭配組合所呈現的濃厚醬汁淋在這個季節盛產、味道清爽的無花果上，兩者一拍即合。厚實的白味噌果然還是要在寒冷的秋冬時節登場。

※1雜煮（おぞうに）：以年糕為主要材料的日本料理，依地區不同，料理方式也有所差異。

※2錦市場（にしきしじょう）：有京都廚房之稱，售有許多食材，更是京都觀光景點之一。

無花果佐白味噌

材料（容易料理的份量）

白味噌……80g
蛋黃……1顆
紅蔗糖……½小匙
無花果……2顆

①於小鍋子放入白味噌、蛋黃及紅蔗糖以木鏟充分拌勻。
②以小火烹煮食材①，不斷以木鏟攪拌直至出現亮澤。
③稍待降溫後，取適當份量放置於容器中，擺上去皮且切成6等分的無花果。

Med
Med Hi

酒粕

在秋冬寒冷時節，酒粕一定都會出現在我家冰箱。最近應該也有許多人隨著發酵食品風潮，而開始使用酒粕的吧！酒粕分有酒粕泥（練り粕）及酒粕片（板粕），夏天常看到的酒粕泥狀似味噌，呈現黏土狀態、易於溶解，因此相當適合用在湯品等液態料理中。冬天常看到的酒粕片則如其名，呈現一片片像板子的片狀，尺寸甚至可以大到單邊達30公分，用手就可輕鬆剝碎，烘烤過後香氣四溢，和青菜作成拌物，或是包著海苔淋上醬油品嚐，都可成為一道像樣的小菜。當然，因為可以溶解，也能使用在湯汁料理，新年去寺廟參拜時，店家販售的甜酒就是用這酒粕片慢慢融煮作成。和夏天常見的酒麴甜酒不同，當冬天時邊吹氣邊啜飲著熱騰騰酒粕甜酒，更是充滿盡在不言中的美味風情。

酒粕泥及酒粕片各自有其使用上的優勢。那麼，什麼商品都可以嗎？當然不是！因為酒粕的味道會相當直接呈現，選擇優質製酒廠所生產的酒粕便相當重要。我從以前就有在使用的，是金澤製酒廠「福光屋」的酒粕。這次所使用的純米吟釀酒粕，是將壓榨完純米吟釀酒後所剩下的膏狀酒粕，同時也是我一整年一直有在購買的產品。不僅口感馥郁，還採用讓人方便使用的盒裝設計。

搭配芋頭或花椰菜製作成濃郁的白湯，或是用梅花豬肉、鮭魚和大白菜作成酒粕火鍋，更可在料理燉物或烹煮醬汁，想帶出厚實感時，添加用來提味。在寒冷季節，酒粕是相當富有滋味的調味料。

自古就已是相當優質的食材再次受到料理界關注而重啟風潮，我今後也會將酒粕視為重要材料地持續使用。

酒粕芋頭濃湯

材料（容易料理的份量）

芋頭……3大顆
洋蔥……1/2顆
純米吟釀酒粕……3大匙
奶油……10g
柴魚高湯……400ml
鹽巴……適量

① 將芋頭削皮，對半切開，用鹽巴搓揉，去除黏液。洋蔥切成薄片。
② 奶油放入鍋中加熱融化，拌炒食材①，撒點鹽巴，蓋上鍋蓋，以中小火燜煮3分鐘。倒入300ml柴魚高湯，再蓋上鍋蓋，用小火煮至芋頭軟嫩。
③ 放入純米吟釀酒粕烹煮使其溶解。
④ 以果汁機調理後，倒回鍋中，視濃湯的狀態決定是否添加剩餘的柴魚高湯（調整濃湯濃稠度）。以中小火加熱，再放入鹽巴調味。

番茄糊

在使用水煮番茄罐頭時，老是煩惱用不完罐頭的話該怎麼保存。一次用完400ml的份量時，那感覺真的很暢快，但如果只是要用個200ml左右，甚至想要用個1匙份量的水煮番茄提味時，就會猶豫到底要不要把罐頭開罐，最後不了了之。剩下的番茄放在塑膠密封容器的話，會讓容器染色；放在夾鏈袋中的話，又不方便使用，讓我滿腦子老是這些善後問題。

有時，我會將剩餘相當微妙份量的水煮番茄放入果醬空瓶中，事後要使用時，相當方便。這時不禁認為，嗯…這樣的話，我乾脆一開始就買瓶裝番茄不就好了？如此說來，罐裝番茄商品旁擺放有瓶裝番茄商品，但也不知是哪來的既定印象讓我一直認為，水煮番茄必須要是罐裝。

瓶裝雖然份量較多，但使用剩餘時可直接放入冰箱內保存，也不會出現過去令人心煩的事後處理。不僅如此，這瓶裝番茄的味道濃厚，就算是短時間加鹽製作成番茄醬，卻也能帶有費時燉煮的濃郁醬汁風味，相當簡單，卻無比美味。自此之後，若要使用水煮番茄，我都偏愛使用這瓶番茄糊。忙碌早晨之際，只要快速烹煮番茄糊，敲下雞蛋便是一份簡單又營養的早餐。要用少量番茄讓燉煮料理提味時，若冰箱有使用剩餘的番茄糊，更是能夠馬上取用。可說是備用於側、方便無比的瓶裝番茄。

牛筋肉燉番茄

材料（容易料理的份量）

牛筋肉……400g
洋蔥……1/2顆
胡蘿蔔、芹菜……各1/2條
大蒜……1/2瓣
水煮番茄（瓶裝）……300ml
小茴香籽……1小匙
月桂葉……1片
橄欖油……2大匙
水……200ml
粗鹽、黑胡椒……各適量

①牛筋肉置於室溫解凍，切成12等分。撒上粗鹽、黑胡椒及小茴香籽。將洋蔥、胡蘿蔔、去絲的芹菜切成薄片。輕輕拍碎大蒜。

②於鍋中將橄欖油加熱，放入牛筋肉煎燒。加入洋蔥、芹菜及胡蘿蔔，充

③加入水煮番茄、水、月桂葉充分拌勻，蓋上鍋蓋，以中火煮滾後轉小火，偶爾攪拌並烹煮1.5～2小時。期間以粗鹽、黑胡椒調味。

Dill
Lemon thyme & Oregano
Rucola
Lemon balm

新鮮香草

我相信，現在還有很多讀者認為將香草使用於料理中的難度相當高。或許是因為不知道該如何使用，這樣的話，何不先從認識自己覺得喜歡的香味開始接觸香草呢？清爽的香氣、隱約帶有甜味的香氣、濃郁的刺鼻香氣、還是感覺像是帶有芝麻香的香氣。尋找出自己喜愛的香氣，想像當知道這香草適合怎樣的食材，或是常被用在哪一類型的料理時，或許就能邊享受香草，邊運用在料理之中。

香草的使命在於充分帶出和食材風味的契合度，偶爾還必須負責消除異味。再者，添加些許份量就能讓料理的香味提升，同時具備增進食慾的效果。使用香草的話，不僅能帶出料理的深度，風味更是非凡，相信也能加深料理時的樂趣。

過去，我也都認為香草不過就是增添香氣的擺盤物，陪襯的角色。但在品嚐了「大神農場（おおがファーム）」的香草後，才知道原來香草也是能夠成為主角。香草怎麼會這麼好吃？怎有辦法吃那麼多香草？領悟到過去未曾了解的香草魅力。

首先，香草的花朵還真是可愛，會讓人看到入迷。這道香草沙拉是以品嚐香草為目的的菜餚。「大神農場」的香草可說是充滿元氣及魅力。

不單只是擺盤裝飾，我希望讀者能夠將更多的香草放入料理之中，充分感受香草帶來的樂趣。相信能讓讀者和未知的美味相遇。

香草沙拉

材料（2人份）

香草……50 g
（芫荽、芝麻菜、蒔蘿、檸檬香蜂草）
柳橙……2顆
橄欖油……1大匙
義大利白酒醋……2小匙
粗鹽、黑胡椒……各適量

①將香草葉從莖部摘取，全部以清水快速沖洗，充分瀝乾水分。
②將柳橙籽從果瓣中取出。
③於料理盆中加入①、②，淋上橄欖油，撒下義大利白酒醋、粗鹽及黑胡椒，拌勻所有材料。

P
DI SAN GIULIANO

藍紋乳酪

由青黴菌發酵而成的藍紋乳酪是帶有強烈氣味及口感乳酪。或許有些讀者即便是聽到藍紋乳酪這幾個字也會感到厭惡？卻也意味著藍紋乳酪就是如此地有個性，同時也是我個人還蠻喜愛的乳酪種類。不管是乳酪還是人，帶有個特異特質才更顯趣味性。

然而，部分藍紋乳酪的味道偏鹹，因此與其直接食用，用來作成料理更能發揮藍紋乳酪的美味，也更顯樂趣。

藍紋乳酪獨特的香氣甚至會讓人有辛辣感，但舉例來說，用來製作義大利麵醬汁時，無論是鹹味或辛辣味都較為柔和，當醬汁和義大利麵結合為一體時，醬汁也呈現出柔和口感。用比利時苦苣及蘋果製作沙拉時，身為將兩者結合的重要角色，更是不可缺少藍紋乳酪這一味。

另外還可享受當鹽味被帶出來後，那略甜略鹹的風味。我還會將稍帶苦味的柑橘果醬搭配藍紋乳酪並撒上大量黑胡椒。這樣的組合讓我能夠享受各種可能性的口味，藍紋乳酪充分扮演結合食材的角色，成就其他乳酪無法呈現的組合。甜鹹口感會久久殘留於口中，相當適合作為一道小菜。

用藍紋乳酪搭配土司品嚐也是另一種享受。柑橘果醬、藍紋乳酪再加上煎到香脆的培根，抹在土司麵包上，就可以完成鹹甜美味的開放式三明治料理。

我也建議讀者可將藍紋乳酪視為帶有鹹味及濃郁度的調味料。讓在蒸到熱騰騰的馬鈴薯上，看著藍紋乳酪慢慢融化，撒上大量黑胡椒品嚐實在享受。

藍紋乳酪與柑橘果醬春捲

材料（6份）

- 藍紋乳酪（Roquefort）……25g
- 柑橘果醬……1大匙
- 黑胡椒……適量
- 春捲皮……3張
- 橄欖油……少許
- 低筋麵粉……適量
（加水溶解作為黏合春捲皮材料備用）

①將春捲皮對角切半。

②在①的春捲皮放上藍紋乳酪及柑橘果醬，撒上大量黑胡椒。

③將兩側春捲皮內摺後，由內向外捲起，末端抹上低筋麵粉水黏合。以相同方式製作6份春捲。

④於表面抹上薄薄的橄欖油，用烤土司機或180℃的烤箱烤到微焦。

奶油

奶油的風味為何如此美妙呢？在完成菜餚之前，放下一匙奶油的話，馬上香氣四溢，讓人有股料理被又圓又柔的頭紗包覆的感覺。

奶油與香草的搭配性也相當好，我常和百里香一同使用。百里香的甘甜芳香結合帶有些許鹽味的奶油，兩者融合後的風味就好比是一品調味料。將像是大白菜等味道輕淡且水分較多的白色蔬菜連同奶油及百里香予以蒸煮，便會成就極度溫和、靜謐的美味。廚房被這溫暖的蒸氣包圍著，就彷彿是冬天寧靜的早晨被潔淨光線照亮，完成了一道溫柔的料理。奶油的風味就是在這樣的時刻完全突顯。

無鹽奶油更能感受到乳香，雖然一樣美味，但平常還是以有鹽奶油的使用率較高。可能是因為洽到好處的鹹味更容易和其他食材結合為一的關係吧！在家製作簡單的餅乾時，我也是使用有鹽奶油。或許是因為從小就相當習慣也喜愛帶有些許鹹味的奶油風味。

買回來的大塊奶油可以切下部分作為近期使用，剩餘也是切成數塊後，放入冷凍保存。因為奶油從冰箱拿進拿出的頻率相當高，盡量將奶油切成小塊分裝，也更能讓奶油保持在較佳狀態。

我有時也相當喜愛使用帶粗鹽的法國產奶油。與其說是品嚐料理，感覺更像是直接享受奶油。在品嚐法式鄉村麵包等有嚼勁口感類型的麵包或香蒸蔬菜時，添加大量的奶油是必備步驟。

當放在大顆無花果或杏桃果乾上，作為享受紅酒時的小品時，帶粗鹽的奶油可為料理帶來加乘效果。

奶油香蒸大白菜

材料（2～3人份）

大白菜……1/6顆
奶油……25g
百里香……2支
粗鹽……適量

①將大白菜切成一口大小，菜芯部分進行斜片切。
②於鍋中放入①及百里香，再將奶油切成4～5塊均勻放入，以手指捏取些許粗鹽撒下，蓋上鍋蓋。
③以中小火蒸燜12分鐘。將所有食材拌勻，確認味道後，再以鹽巴調味。

花生醬

受到花生醬迷喜愛的當然就是評價極高的「HAPPY NUTS DAY」花生醬了。在我那些身為料理家或餅乾研究家的朋友群中，「HAPPY NUTS DAY」花生醬相當受到歡迎。我也是聽到大家所給予的評價，嘗試了「HAPPY NUTS DAY」花生醬的其中一人。花生醬的所有美味完全集結為一，或許可比擬成花生這玩意全部擠靠在一起的感覺。

不只是甜味，還有顆粒大小，整體的穠纖合度恰到好處（另還有無顆粒產品）。最讓人懾服的就是打開瓶蓋時那散發出來的香氣了。一旦品嚐過「HAPPY NUTS DAY」花生醬的話，可能就再也看不上其他品牌的花生醬了。在烤到焦脆的吐司抹上好多花生醬的早晨是何等幸福。這種吃法容易變胖，我也知道不能夠變成習慣，但每天一早當打開冰箱，眼光落在花生醬上面時，滿腦子除了花生吐司外，就再也裝不下其他東西，可說是讓人無法自拔的美味。

正因為「HAPPY NUTS DAY」花生醬夠濃郁，讓花生的味道能夠直接呈現出來，而並非只有油脂，因此也相當適合用在料理中。若讓花椰菜或蕪菁等口味較淡的蔬菜搭配上這濃郁的重口味花生醬作為沾醬，可以品嚐到一股似曾相似的懷舊風味。一個讓人停不下嘴，極具深度的沾醬。若搭配二十日大根小蘿蔔和白酒一起享用，也是絕妙組合。

我相信這樣的美味花生醬應該不太有吃不完的情況，一瓶光用來搭配吐司享用，就會在短短時間內見底。但若真有用不完情況的時候，建議讀者用上述方式融入料理中運用。

花生沾醬

材料（容易料理的份量）

花生醬……2大匙
味噌……1又1/2小匙
蜂蜜……1小匙
醬油……1/4小匙
牛奶……1又1/2小匙
橄欖油……1小匙
花椰菜等……適量

① 於花生醬中一一加入調味料，混拌均勻。
② 搭配蒸好的花椰菜一同享用。

※除了蒸熟的蔬菜，也可使用二十日大根小蘿蔔或胡蘿蔔等生鮮蔬菜類。

生胡椒

和生胡椒的初次相遇，是友人寄送給我的，並道「我有位朋友推出這樣的生胡椒商品，介紹給妳，讓妳先試吃看看。」

瓶裝胡椒的話，是常常都會看到，不知道是不是因為過度加工的關係，大部分的胡椒都不符合我的期待。但這裡的「純胡椒」是將生胡椒鹽漬，如此一來，便可有多種使用方法，同時增加料理的運用範圍。

聽說「仙人香料（Sennin Spice）」的高橋老闆在前往印尼工作時，見識到生胡椒的美味魅力，進而決定製作「純胡椒」商品。據說從收成、製造、裝瓶到銷售幾乎都是高橋老闆一人親力親為，因此一年中超過一半以上的時間都在印尼。雖然高橋老闆語帶惋惜地表示，「這款『純胡椒』是以鹽漬方式製作，因此不能稱為生胡椒……」，但我反而覺得，那鹹味才是生胡椒能夠如此美味的關鍵。

胡椒那獨特刺激辛辣味及鹹味的搭配性絕佳。直接食用的話，辛辣更是直衝腦門。若搭配食材使用，辛辣的口感會稍顯柔和，反而更能展現在料理中的存在感。大略切碎和簡單的義大利麵作搭配，或是取代山葵和生魚片一同享用都相當適合。生胡椒雖然讓人覺得和肉類的搭配性較高，但卻也能夠使用在冷盤或義式水煮魚（Acqua Pazza）等魚類料理中。

這讓我想起前陣子我在料理時，將大顆的無花果乾塗上退回常溫的柔軟奶油，又在上方直接放上2～3粒生胡椒，成了一道鹹甜味中，卻又帶有辛辣的前菜。

胡椒塔塔醬普切塔

材料（容易料理的份量）

鯛魚（生魚片）……120g
酪梨……½顆
紅洋蔥……⅛顆
純胡椒……6g
義大利白酒醋……2小匙
橄欖油……1大匙
粗鹽……適量
法國麵包……8～10片

①紅洋蔥切碎，撒入粗鹽，沖水後靜置片刻讓辣味消散，充分濾乾。將純胡椒大略切碎。
②將生魚片及酪梨分別切碎。
③將①、②結合，加入義大利白酒醋、橄欖油及粗鹽混拌均勻。在烤到酥脆的法國麵包塗上③，淋上適量橄欖油。

餃子皮

有時，我會突然好想吃餃子。有時，還會煩惱到底是要作煎餃還是水餃。熱天時吃煎餃，體感溫度較低的日子時，當然就會想要大啖連蒸氣都很美味的水餃了。把煎餃沾點醬油醋及辣油，跟著白飯一同送進嘴中，光想像這情景就讓我不禁決定今晚就吃餃子吧！雖然我現在這般喜愛餃子，其實我小時候可是很討厭的呢。一聽到晚餐吃餃子時，就再也提不起勁了，但現在卻也完全想不起當時我為何如此討厭餃子……。

水餃的話，能夠讓餡料更充滿變化。不需要刻意決定一定要使用怎樣的食材，隨著季節及心情，讓餡料更豐富。我的水餃內餡主要都是使用豆苗、秋葵、小松菜及韭菜等蔬菜類。煎餃的話，就是大白菜或高麗菜，搭配韭菜以及些許用菜刀搗碎的梅花豬肉…。無論水餃還是煎餃，我都覺得蔬菜比例高一點才會好吃。然而，接著就是餃子皮了。餃子是否美味，餡料固然重要，但餃子皮也是關鍵。

若時間允許的話，我都會從餃子皮開始製作。這雖然是很開心的工作，卻也相當耗時。因此沒有辦法每次都從皮做起。然而，我發現了相當美味的餃子皮，是讓我覺得不用自己作皮也無妨的餃子皮。那便是位於鎌倉「邦榮堂製麵」的餃子皮。「邦榮堂製麵」雖然是提供許多拉麵店家中華麵條的製麵所，但他的餃子皮也相當美味。我每次都是請住在鎌倉的友人代為採購。餃子皮厚度適中，無論是拿來作煎餃或水餃都相當美味，有著滑溜且具彈性的口感。只要有著這餃子皮，就讓人對成品增加不少信心。餃子皮可以放於冷凍保存，因此我一次都採買相當的數量備用。

煎餃

材料（16顆份）

餃子皮（大張）……16張
梅花豬肉……150g
大白菜（切碎）……3片
韭菜（切碎）……6支
鹽巴、紅蔗糖、醬油、香麻油……各1小匙
太白胡麻油……1大匙
香麻油……1小匙
水……80ml

①將大白菜撒上2/3小匙鹽巴後，靜置。
②用菜刀將梅花豬肉剁碎，和韭菜拌勻，加入剩餘的鹽巴、紅蔗糖、醬油充分拌勻。
③將大白菜的水分確實捏乾，放入②中攪拌，加入香麻油後，再次拌勻。
④在餃子皮中央放入1/16份量的餡料③，將外緣沾水，堆疊餃子皮包起捏緊。以相同的方式包完16顆餃子。
⑤讓太白胡麻油在平底鍋中充分加熱，將④的餃子整齊排列，以中大火煎煮並加入水，蓋上鍋蓋後，轉為中小火燜煎至水分蒸發。
⑥當水分完全燒乾後，打開鍋蓋，轉成大火，於鍋緣淋入香麻油，將餃子煎到酥脆。

韓式辣椒醬

在甜麵醬種類中，豆瓣醬、韓式辣椒醬這些帶有濃郁元素的醬類調味料具備甜味、辣味，往往能讓料理更有深度，是相當美味的調味料。不過，我卻遲遲未找到讓我認定『就是這個了！』的醬類產品。可是，沒有卻又很麻煩，因此每次去到超市時，只好半推半就地買了放在商品陳列架上的醬料。

醬類調味料的使用材料眾多，成分相當複雜，讓我不是很喜歡不知道裡面到底放了什麼的感覺。最近，讓我有「就是這一味！」想法的，是「飯屋Hibari」的自製韓式辣椒醬。「Hibari」的老闆Tanaka Seiko提供的料理食材紮實，在簡樸中組合呈現的絕妙往往讓人眼睛為之一亮。和食材真誠相對的態度，無論是從料理中，或是老闆身上都看得見。Seiko老闆的自製火腿極為美味，甚至成了店內招牌，火腿甚至完美到若不說的話，根本就不會知道是自製品。Seiko老闆那追根究底的研究姿態讓我的佩服之意油然而生。

火腿的話題留待下次⋯，這裡要來說說Hibari的自製韓式辣椒醬，辛辣中卻帶有甘甜柔和。使用的材料也相當簡單。糯米、米麴、豆麴、辣椒、鹽巴。讓我不禁懷疑，是要怎麼從這些簡單的材料呈現如此具深度的濃郁風味。豆麴是其中的關鍵嗎？……地開始擅自分析。品嚐時，辣椒醬中還留有些許粒狀豆麴，又是另一層美味。重視材料的人所用心製作的美味，更是裝有滿滿的感情元素。

韓式拌麵

材料（2人份）

小黃瓜……1條
雞蛋……1顆
泡菜……200g
韓國海苔……1/2片
麵線（半田麵）……2把
韓式辣椒醬……2小匙
香麻油……1大匙
鹽巴……適量
醋……適量

①小黃瓜削皮，對半縱切後，斜切成薄片。將泡菜切成大塊。雞蛋放入滾沸的熱水中汆燙8分鐘後，剝去蛋殼。
②於料理盆中放入切好的泡菜、韓式辣椒醬、香麻油及鹽巴拌勻。
③於大量熱水中汆燙麵線，在水龍頭下沖水降溫後，充分濾乾。
④將麵線裝盛至容器中，放入大量食材②，擺上小黃瓜、切半水煮蛋、碎海苔。依個人喜好淋上醋，拌勻後即可享用。

紹興酒

鹽味炒蝦、薑爆豆苗、豆鼓蒸蜆……。這些熱騰騰的佳餚搭配上一杯紹興酒。不覺光在腦中想像就相當搭配嗎？

這麼說來，用在料理中也非常合適。

聽起來很牽強嗎？不會不會，一點都不牽強。我一直都將紹興酒作為調味料備用。不只中華料理，在製作異國風味料理時，紹興酒可是比日本酒更適合呢。

淡淡的甜味及微微的酸味，帶有濃度的風味無論是拿來作為燉煮料理時的提味，還是炒菜，都能夠發揮相當大的作用。用在清炒料理時，更增加了濃郁度，就算只用鹽巴調味，都能帶出深度。

使用在蒸式料理時，雖然是完整呈現紹興酒的味道，卻也有其應有的美味。在鯛魚等白魚類放上大量的蔥絲及薑絲，淋上紹興酒，簡單熱蒸所帶出的馥郁口感就能讓人一口接著一口品嚐。

使用在料理的紹興酒不需要是高單價品。選擇價格適中的紹興酒作為料理用酒使用即可。當然，完成的佳餚一定要再搭配上一杯紹興酒，這才是應有的享受方式吧……。

將紹興酒視為調味料使用的話，總是能讓烹炒或燜蒸料理多了那些許不同風味。在製作白蘿蔔或小黃瓜泡菜時，將紅辣椒、薑和八角同紹興酒一同醃漬的話，就是美味的中式泡菜了。

不只有中華料理，若以靈活的點子將紹興酒作為調味料使用的話，料理的呈現方式也將會更加豐富。

香煎雞翅

材料（容易料理的份量）

雞翅（中）……400g
大蒜……1/3瓣
薑……1/2塊
紅辣椒……1條
薄鹽醬油……2小匙
紅蔗糖……1/2小匙
粗鹽……少許

咖哩粉……1小匙
紹興酒……2大匙
香麻油……1小匙
油炸用油……適量
香菜……適量

①洗淨雞翅，擦去水分後，放入薑、去籽對切的紅辣椒、調味料，充分揉捏，封起放入冰箱靜置1小時以上醃漬。
②於平底鍋中倒入約2公分高的油炸用油，將食材①放入，開火，以中小火慢慢地將油淋在雞翅上油炸。
③濾乾油後，放上香菜擺盤。

小茴香

一說到香料的話，可能很多人就會開始思考，也不知道該怎麼使用，是要怎麼起頭？也可能有人的情況是，想要製作道地的咖哩，就去買齊了多款香料，結果用不完就一直放著……。我確實不能否定上述情況發生的可能，但卻能夠拍胸脯保證，拿起香料使用的話，料理會變得相當有趣。

這時，腦中就開始出現：「嗯？這裡面使用了什麼香料？是用什麼香料調味的呢？」般，從遠方傳來的淡淡香味及辣味。香料，能讓人享受味道累加的過程。

若要充分活用香料的話，我推薦小茴香作為入門。無論是保留完整種子形狀的茴香籽，還是茴香粉，我都很常使用。但先使用茴香籽的話，更能感受其中樂趣。

小茴香究竟是怎樣的香料呢？我認為，小茴香是製作咖哩時必備的香料，任何人只要聞到小茴香的味道，一定都會有著：「啊！原來是這個啊！」的反應。

只要將茴香籽撒在鹽醃高麗菜，或是讓馬鈴薯呈現鬆軟狀後撒下茴香籽並搾取大量檸檬汁加入拌勻，就能呈現讓人彷彿置身異國的美味。這些除了適合用來作為咖哩的配菜，也很適合夾在黑麥麵包中作成三明治。

小茴香和番茄的搭配性也相當高，在燉煮番茄中加入小茴香後，出現了過去只以胡椒調味時不曾有的極具深度口感。

首先，以小茴香代替胡椒作使用似乎是不錯的方法。歡迎各位讀者由小茴香帶領進入香料的世界。

茴香馬鈴薯

材料（2～3人份）

馬鈴薯……中尺寸2顆
新鮮洋蔥……1/2顆
檸檬汁……1又1/2大匙
茴香籽……2小匙
白芝麻……1小匙
粗鹽……適量

① 將馬鈴薯削皮，切成8等分。新鮮洋蔥切成大塊狀。
② 於鍋中放入馬鈴薯及大量的水，以中火汆燙至竹籤能夠快速穿過。加入洋蔥後，再汆燙1分鐘。
③ 濾乾水分，以小火煮至水分蒸發，呈現鬆軟狀。
④ 關火，撒下茴香籽、白芝麻、檸檬汁及粗鹽後拌勻。盛盤後，依個人喜好可再添加些許檸檬汁。

堅果類

杏仁、腰果、花生都是我拿來作為料理食材的備用品項。

無論是日式拌物、沙拉、熱炒，想要讓份量更充足，或想增加厚實感，我都會切碎一些堅果類放入。透過這樣的方式增加份量及厚實感，更容易帶出口感深度。將堅果切碎代替白芝麻加入日式拌物中、或是將粗切的堅果撒在蒸魚上。依照和其他食材的搭配性，改變切法的話，就能夠增加一道料理的口感，同時讓味道更加豐富。其中，杏仁更是能夠多方運用的堅果。將杏仁磨成像芝麻醬一樣的膏狀，便可作為拌醬用在日式料理中。使用香草及蔬菜的沙拉加入烤得香氣四溢的粗切杏仁，每一口都富含嚼勁，同時還扮演著引出香味的角色。若是搭配像酪梨的柔軟口感食材，完全不同類型的材料更可譜出動人旋律。若用在漢堡肉或肉味噌的絞肉料理中，鏗脆口感更是不一樣的呈現。

腰果除了很好和中華料理搭配外，跟熱炒料理也是絕配。

我則是會將花生用在炊煮白飯中。與像是鹽味昆布或鹽味鮭魚這樣的鹽味食材一同炊煮，爽口的味道中更能凸顯堅果香氣。切碎的花生則和白蘿蔔或胡蘿蔔等濕潤的醋拌料理相當搭配。

準備數種的堅果備用，需要多一味食材增添風味時，就能派上用場。

杏香白酒蒸鯛魚

材料（2人份）

鯛魚……2片
甜椒（紅色、黃色）……各1/2顆
義大利芹菜……4支
杏仁……40g
白酒……40ml
橄欖油……2小匙
粗鹽……適量

①在鯛魚切片撒上粗鹽，靜置片刻使其出水。
②用小型平底鍋以小火乾煎杏仁6～7分鐘，注意不可焦掉。切成粗塊。
③甜椒縱切成8等分。將2支義大利芹菜的菜葉切碎。
④將橄欖油倒入淺鍋加熱，放入甜椒、鯛魚及2支義大利芹菜後淋上白酒，蓋上鍋蓋。以中小火蒸燜8～10分鐘，撒上粗鹽。
⑤將④裝盤，撒入大量的碎杏仁及義大利芹菜。

de ROMARIN
Lou Camp d'Andriou

蜂蜜

料理時，我常使用蜂蜜。無論是在淋醬、醬汁、燉煮時，有蜂蜜真的很方便。讓我完全地將蜂蜜定位成調味料，常置於側以備不時之需。

蜂蜜的優勢在於其濃稠度及滑順的甜味，帶有亮澤，並能和其他調味料完全融合在一起。製作淋醬或醬汁時，不用砂糖改用蜂蜜的話，可添加微微的甜味及濃郁。

蜂蜜本身就含有水分，因此液體狀在製作料理時也有其優點。和蛋黃一起作成淋醬的話，金黃顯色充滿光澤，那份光澤更可讓食慾大開。淋在草莓或甜菜等紅色食材上的話，就彷彿是甜點般的甘甜誘惑。

即便同為蜂蜜，隨著花的種類不同，味道也各有特色。直接品嚐蜂蜜時，建議可以嘗試充滿個性，如栗子蜂蜜等口味蜂蜜，領略箇中趣味。但若作為調味料使用在料理時，比起充滿個性的口味，我反而較推薦簡單如蓮花蜜或洋槐蜜。

當然，若能在品嚐之後，找到自己認為既美味，甚至能夠放入料理當中，帶有獨特風味的蜂蜜時，將更能沉浸在蜂蜜所賦予的樂趣當中。

我最近喜愛使用的是被摩納哥皇室欽點為御用蜂蜜的品牌 。一剛開始是被它的包裝設計所吸引。從瓶身窺看那既是琥珀色及金黃色的蜂蜜，看起來真是無比美味。瓶身標籤精緻、瓶子設計高雅，那麼味道究竟如何呢…?那紮實的濃郁度令人驚艷萬分，是帶有深度的高雅風味。又是迷迭香蜂蜜、又是結晶蜜，種類繁多，每一種都想嚐鮮看看。更加深了我慢慢尋找出自己最鍾愛口味的樂趣。雖然…都用在料理中似乎是有些許奢侈。

草莓甜菜蜂蜜沙拉

材料（2人份）

草莓……小顆20顆
甜菜…… 1/2 顆
蛋黃……1顆
蜂蜜……1又 1/2 小匙
紅酒醋……1小匙
橄欖油……1又 1/2 大匙
粗鹽、黑胡椒……各適量

①將甜菜切成3～4等分，放入水中汆燙變軟。濾乾水分後，切成一口大小。將草莓蒂頭去除。

②於料理盆中加入蛋黃、蜂蜜及粗鹽後，用打蛋器充分調理，呈現綿稠狀後，加入紅酒醋及橄欖油，充分拌勻，撒入大量黑胡椒。

③將①倒入②中，全部拌勻。

商品資訊

書中所介紹的料理道具為筆者所有。
無法保證目前仍可購得相同商品。
針對商品資訊，請與各店家洽詢。
以下內容為２０１５年９月資訊。

料理道具

p.10 德國雙人牌 Twin Cermax M66 蔬果刀

p.18 STAUB 18公分圓形鑄鐵鍋

ツヴィリングJ.A.ヘンケルスジャパン株式会社
☎ 0120-75-7155（お客様相談室）
http://www.zwilling.jp/
http://www.staub.jp/

p.10 照寶 砧板27公分／30公分

照宝
神奈川県横浜市中区山下町150
☎ 045-681-0234
http://www.shouhou.jp/

p.14 CRISTEL 22公分不鏽鋼淺鍋
p.42 ALLROUNDBOWLS圓形料理盆及漏盆組
p.82 CRISTEL 保溫鍋罩組
p.94 Bamix食物料理棒

チェリーテラス代官山
東京都渋谷区猿楽町29-9ヒルサイドテラスD棟1階
☎ 03-3770-8728
http://www.cherryterrace.co.jp/top

p.22 小笠原陸兆附蓋迷你單柄鍋

リアルジャパンストア
☎ 0120-965-905
http://www.realjapanstore.com/fs/rjps/4060001km001f

p.26 VOLLATHWEAR-EVER
26公分鐵氟龍不沾鍋
有限会社 東洋商
東京都台東区松が谷1-11-10
☎ 03-3841-9009（代表）
http://www.okashinomori.com/

p.30 炊飯釜鍋2杯米分量
くらしの器　田園調布いちょう
東京都大田区田園調布3-1-1
ガデス田園調布ビル2階
☎ 03-3721-3010
http://www.ichou-jp.com/

p.34 竹俣勇壱 分菜勺
KiKU
石川県金沢市新竪町3丁目37番
☎ 076-223-2319
Sayuu
石川県金沢市東山1丁目8-18
☎ 076-255-0183
http://www.kiku-sayuu.com/

p.38 野野慈 過濾勺（小）
株式会社レーベン販
神奈川県横浜市西区北幸2-8-19横浜西口Kビル4F
☎ 050-5509-8340
http://shop.yokohama-city.co.jp/i-shop/top.asp

p.46 LaBase 瀝油料理盆組
21公分不鏽鋼方形料理盆
21公分不鏽鋼瀝油網
21公分不鏽鋼上蓋料理盤
和平フレイズ株式会社
新潟県燕市物流センター2-16
☎ 0256-63-9711
https://labase.jp/

p.50 佐渡產竹篩（33公分）
p.62 竹製磨泥器
p.70 WESTMARK 櫻桃去籽器
株式会社釜浅商店
東京都台東区松が谷2-24-1
☎ 03-3841-9355
http://www.kama-asa.co.jp/

p.54 LAMPLIG 砧板
イケア・ジャパン株式会社
☎ 0570-01-3900（カスタマーサポートセンター）
http://www.ikea.com/jp/ja/

p.58 TUTU 圓形琺瑯保鮮收納罐 S・M・L
野田琺瑯株式会社
東京都江東区北砂 3-22-22
☎ 03-3640-5511
http://www.nodahoro.com/

p.66 金網辻
手工附把手烤網（大）
京都府京都市東山区高台寺南門通下河原東入枡屋町 362-5
☎ 075-551-5500
http://www.kanaamitsuji.com/

p.74 佐藤計量器 肉用溫度計
株式会社佐藤計量器製作所
東京都千代田区神田西福田町 3番地
☎ 03-3254-8111
http://www.sksato.co.jp/

p.78 日式煎蛋鍋（長 15公分 × 寬 15公分）
有次錦店
京都府京都市中京区錦小路通御幸町西入ル
☎ 075-221-1091

p.90 Vitamix 全營養調理機
株式会社アントレックス
東京都新宿区新宿 2-19-1 BYGS 7F
http://www.vita-mix.jp/

p.100

美姬米
井上農場
山形県鶴岡市渡前字白山前14
☎ 0235-64-2805
http://www.inoue.farm/

p.104

Divella 義大利麵
SpaghettiRistorante #08
株式会社メモス
大阪府大阪市中央区南久宝寺町2-2-7
イタリアビル
☎ 06-6264-5151（食品部）
http://www.memos.co.jp/

p.104

SetaroStrozzapreti 短義大利麵
セントラルシティ商事株式会社
愛知県名古屋市守山区城土町221-2
☎ 052-793-8731
http://www.centrad.co.jp/ef

p.108

柴魚片
株式会社 伏高
東京都中央区築地6丁目27-2
☎ 03-3551-2661
http://www.fushitaka.com/

p.108

羅臼昆布
株式会社奥井海生堂
福井県敦賀市神楽町1丁目4-10
0120-520-091
http://www.konbu.co.jp/

p.112

Hagoromono 天然海水鹽（細鹽）
株式会社パラダイスプラン
沖縄県宮古島市平良字久貝870-1
0120-040-155
http://www.shop-ma-suya.jp/

p.112

奄美大島加計呂麻島產鹽（粗鹽）
FOODFORTHOUGHT
http://520ft.tumblr.com/

p.116

京酢 加茂千鳥
村山造酢株式会社
京都府京都市東山
三条通大橋東入る3丁目2番地
☎075-761-3151
http://chidorisu.co.jp/

p.116

純米富士酢
株式会社飯尾醸造
京都府宮津市小田宿野373
☎0772-25-0015
http://www.iio-jozo.co.jp/

p.120

FrescobaldiLaudemio 橄欖油
チェリーテラス代官山
http://www.cherryterrace.co.jp/product/laud/

p.120

BarberaLorenzoNo.5 特級初榨橄欖油

p.136

MontebelloPassataRustica 番茄糊
モンテ物産株式会社
東京都渋谷区神宮前5丁目52番2
青山オーバルビル
0120-348-566
http://www.montebussan.co.jp/

p.120

OtherBrotherSMOOTH
特級初榨橄欖油
GOODNEIGHBORS'FINEFOODS
http://goodneighborsfinefoods.com/

p.120

Planeta
特級初榨橄欖油
D.O.P
日欧商事株式会社
東京都港区芝三丁目2-18
NBF芝公園ビル4階
0120-200-105
http://www.jetlc.co.jp/

p.120

Marques de Valdueza Merula
特級初榨橄欖油
株式会社鈴商
東京都新宿区荒木町23番地
☎ 03-3225-1161（代表）
http://www.suzusho.co.jp/

p.124

平出菜籽油
平出油屋
福島県会津若松市御旗町4-10
☎ 0242-27-0545

p.124

丸本太白胡麻油
竹本油脂株式会社
愛知県蒲郡市浜町11番地
0120-77-1150
http://www.gomaabura.jp/

p.128

懷石白味噌
株式会社石野味噌
京都府京都市下京区油小路通四条下る石井筒町546
☎ 075-361-2336
http://www.ishinomiso.co.jp/

p.132

福正宗 純米吟釀 酒粕
福正宗 純米 酒粕片（季節限定）
株式会社福光屋
石川県金沢市石引2丁目8番3
0120-293-285
http://www.fukumitsuya.com/

p.140

新鮮香草
大神ファーム
大分県速見郡日出町大神6025-1
☎ 0977-73-0012
http://www.ogafarm.com

p.144

Roquefort AOP 藍紋乳酪
世界チーズ商会株式会社
大阪府大阪市中央区天満橋京町3番6
☎ 06-6942-5331
http://www.sekai-cheese.co.jp/

p.148

Calpis特選奶油（含鹽）
カルピス株式会社
東京都墨田区吾妻橋1-23-1
0120-378-090
http://www.calpis.co.jp/

p.148

Grand Fermage Sel de Mer
粗鹽奶油
有限会社イー・ティー・ジェイ
東京都中央区入船3-9-2佐久間ビル5階
☎ 03-3297-7621
http://www.etj-gourmet.co.jp/

p.152

PEANUT BUTTER花生醬（顆粒）
株式会社HAPPY NUTS DAY
千葉県山武郡九十九里町
片貝6902-38
☎ 0475-78-3266
http://happynutsday.com/

p.156

純胡椒
仙人スパイス
東京都立川市上砂町1-3-6-19
☎ 042-537-7738
http://www.sennin-spice.com/

p.160

餃子皮
邦栄堂製
神奈川県鎌倉市大町5-6-15
☎ 0467-22-0719
✉ factory5615men@i.softbank.jp

p.164

コ韓式辣椒醬
ごはん屋ヒバリ
東京都世田谷区砧8-7-12F
☎ 03-3415-4122
http://hibarigohan.com/

p.168

紹興酒
興南貿易株式会社
東京都稲城市百村2129-32
☎ 042-370-8881
http://konantrg.sakura.ne.jp/

p.172

小茴香
株式会社インドアメリカン貿易商
東京都杉並区成田西1-16-38
☎ 03-3312-3636
http://www.spinfoods.net/

p.176

無調味杏仁
株式会社万直商店
千葉県流山市加4丁目3-3
☎ 04-7158-3317

p.180

Les Ruchers du Bessillon
迷迭香蜂蜜
灌木結晶蜜
株式会社フレッシュクリーム
東京都目黒区自由が丘1-22-3
☎ 03-3723-6368
http://www.freshcream.jp/

PROFILE

渡邊有子

料理家。在專門提案飲食、生活構想的工作坊「FOOD FOR THOUGHT」中開設有料理教室。善用季節性食材，柔和簡單的料理相當受到歡迎，具有品味的生活方式更有著眾多追隨者。
有『清爽俐落，用心度過每一天（すっきり、ていねいに暮らすこと）』(PHP研究所)、『365天。迷你佳餚伴日常(365日。小さなレシピと、日々のこと)』(主婦與生活社)、『「居家料理」及「為食而作」(「献立」と「段取り」)』(Mynavi)等著作。

TITLE

生活美學家愛用的料理道具&食材

STAFF

出版	瑞昇文化事業股份有限公司
作者	渡邊有子
翻譯	蔡婷朱
總編輯	郭湘齡
責任編輯	黃思婷
文字編輯	黃美玉　莊薇熙
美術編輯	朱哲宏
排版	靜思個人工作室
製版	昇昇製版股份有限公司
印刷	皇甫彩藝印刷股份有限公司
法律顧問	經兆國際法律事務所　黃沛聲律師
戶名	瑞昇文化事業股份有限公司
劃撥帳號	19598343
地址	新北市中和區景平路464巷2弄1-4號
電話	(02)2945-3191
傳真	(02)2945-3190
網址	www.rising-books.com.tw
Mail	resing@ms34.hinet.net
初版日期	2016年11月
定價	320元

國家圖書館出版品預行編目資料

生活美學家愛用的料理道具&食材 / 渡邊有子作；蔡婷朱翻譯. -- 初版. -- 新北市：瑞昇文化, 2016.11
192　面；14.8 x 21　公分
ISBN 978-986-401-131-5(平裝)

1.食物容器 2.烹飪

427.9　　105018601